心理学

掌握一本书

万小遥◎编著

外文出版社
FOREIGN LANGUAGES PRESS

图书在版编目（CIP）数据

一本书掌握心理学/万小遥编著.
—北京：外文出版社，2010
ISBN 978-7-119-06294-5

I. 一…　II. 万…　III. 心理学—通俗读物　IV.①B84—49

中国版本图书馆 CIP 数据核字（2010）第 042853 号

策　　划：中文项目组
责任编辑：钟　文
装帧设计：天下书装
印刷监制：冯　浩

一本书掌握心理学

万小遥/编著

©2010 外文出版社
出版发行：外文出版社
地　　址：中国北京西城区百万庄大街 24 号　　邮政编码　100037
网　　址：http://www.flp.com.cn
电　　话：（010）68320579/68996067（总编室）
　　　　　　（010）68995844/68995852（发行部）
　　　　　　（010）68327750/68996164（版权部）
制　　版：北京中印联印务有限公司
印　　制：北京中印联印务有限公司
经　　销：新华书店 / 外文书店
开　　本：700mm×1000mm　　1/16
印　　张：19
字　　数：200 千字
装　　别：平
版　　次：2010 年 4 月第 1 版第 1 次印刷
书　　号：ISBN 978-7-119-06294-5
定　　价：32.00 元　　　　　　　　　　　　　　　建议上架：心理学

心理学是一门揭示人类自身的心理活动规律的科学，是一门能让人更加智慧的学问。生活中的各种问题，都与心理学有着千丝万缕、密不可分的联系。一旦掌握了相关的心理学知识，诸多问题便无所遁形，即可迎刃而解。但是，生活中很多人并没有具备优秀的心理判断和自我心理支配能力，这一能力的缺乏就是导致我们出现或轻或重的人际心理危机的主要根源。

事实上，在生活中心理学无处不在，如社交要懂心理学，交际是现实社会中的每一个人都不能脱离的活动，懂得运用各种心理技巧，才能成功地赢得了人们的信任和喜爱；职场要懂心理学，八面玲珑、上下通融，才能成为一个好领导、好同事、好员工；"逢人说人话，遇鬼唠鬼嗑"，说话要懂心理学，方能有的放矢，开口是金赢人心；婚恋要懂心理学，只有相知相爱，才能相扶相携，爱情之树方能常青……

总而言之，生活中时时处处需要心理学。离开了这种智慧，可谓是处处碰壁，寸步难行。"世事洞明皆学问"，只要懂得心理学常识，洞悉心理现象，你就会成为一个智慧、练达之人，你的人生亦必将与众不同！

本书不拘泥于心理学的理论体系，不是从纯理论的角度探究人类心

理活动的奥秘，而是从人们的日常生活出发，力图尝试从心理的角度，运用心理学原理，结合实际生活案例，对为人处事中可能遇到的各种心理现象进行分析，并提供了操作简便的解决思路与方法，帮助人们在了解各种人际关系现象背后的深层心理原因。使你在获得人心的同时，也能够在生活、事业、爱情等方面取得巨大成功！

第三章　开口是金的说话技巧

第四章　透过习惯洞察他人心理

第五章　左右逢源轻松应对职场

第一章　社会交往中的人际吸引

　　社会交往是人与人之间在互相接触中，彼此在心理或行为上互相影响、互相作用的过程和联系。在这个过程中，由于人们在社交中其心理因素是复杂的，从而造成了人际交往的障碍。不过，这些障碍是可以通过心理调适来解决的，只有了解并熟练地运用人际交往中的心理原则，才能够成功地进行社交。

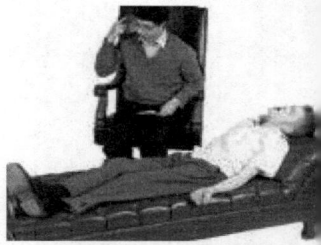

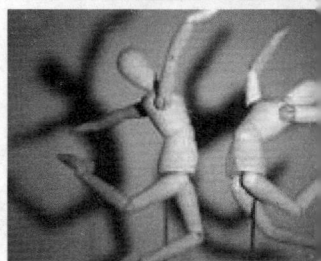

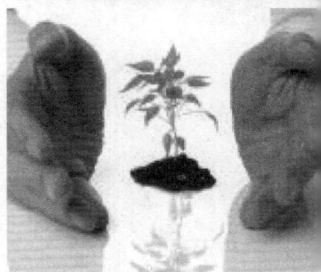

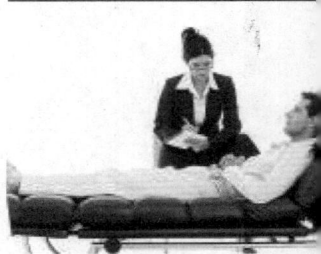

用第一印象征服他人

生活中，我们大多数人都有过这样的经历：与某人初次见面时，如果发现对方言谈不得体或是衣着打扮与他本人身份不和谐，那么，我们多半不会继续再与这个人交往。为什么会出现这种现象呢？这就与心理学上的第一印象有关。

人与人第一次交往中给人留下的印象，在对方的头脑中形成并占据着主导地位，这种效应被心理学家们称为第一印象。心理学研究发现，与一个人初次会面，**45** 秒钟内就能产生第一印象。这一最先的印象对他人的社会知觉产生较强的影响，并且在对方的头脑中形成并占据着主导地位，即我们常说的"先入为主"。所以，在日常交往过程中，尤其是与别人的初次交往时，我们一定要尽可能给对方留下良好的第一印象，使对方对自己产生好感，使其愿意继续与自己保持交往的意向。

一些初次约会的男女青年，总是打扮得衣冠楚楚，彬彬有礼，为的就是在一开始就吸引住对方；当某人准备到一个新单位时，身边的朋友或是家人都会叮嘱一句："第一次一定要留下好的印象"；"新官上任三把火"也是因为他们深谙第一印象的重要性。

从第一印象我们可知：在公众场合第一次与人交往时，给对方留下的第一印象是好是坏决定着双方之间是否能够继续交往下去，也影响着日后双方之间交情的深浅。

在生活中，很多有才华的人却没有好的人缘，这其中的关键因素之一就是没有意识到第一印象的重要性，在与人第一次见面时给对方留下

了不好的印象。

2002 年，BBC 电视台记者采访英国反对党领袖伊恩·邓肯·史密斯时，史密斯目光茫然、说话有气无力。当记者问他："你认为自己能出任下一届首相吗？"史密斯目光下垂，犹豫了一下说："是的，我可以，但我需要努力争取。"这话听起来，完全没有自信，明显的底气不足。所以，他的回答引起了观众的普遍不满，甚至有观众说："他自己都不相信自己能成为首相，让我们如何相信他可以做我们的首相呢？"

由于史密斯给民众留下的第一印象非常糟糕，所以民众自然也不会信任他、支持他了。

一个人要想得到别人的高看，首先就不能够忽略自己的形象，不然就会影响到你未来的发展，也会影响到你的人际关系。

如果你是一名普通的公司职员，良好的第一形象有助于获得升迁；如果你是一名推销人员，良好的第一印象将有助于你获得别人的好感，获得成交的机会；如果你是一名管理者或者领导，良好的第一印象将有助于你提高你在公司中的影响力；如果你是一名演员、歌星或者公众人物，良好的第一印象会帮助你提升事业，获得更多人的喜爱。

第一印象在人们的交往中起着非常微妙的作用，只要能准确地把握它，定能为自己营造出良好的人际关系氛围。既然第一印象如此重要，怎样才能做到这一点呢？最重要的就是要注重仪表风度。

一般情况下人们都愿意同衣着干净整齐、落落大方的人接触和交往。如果你是职场人士，装束总的要求应该是：配合自己的工作职位，着装合体，讲究线条，化妆适当，展现出正统而不呆板、活泼而不轻浮的气质。具体地说，男性和女性的装束要求又各有差异。

从服装上看，男性以穿深色或色调柔和、款式稳健的西服套装为宜，系上领带。领带与西装的颜色对比不要太强，主色调应一致。如天气较热，也可只穿衬衫，衬衫一般以色调明朗、柔和为佳，面料以棉、麻、腈纶或混纺为宜。鞋子应视服装而定，穿西装最好配皮鞋。另外袜子不

能太短，更不能穿尼龙袜子；不能打花里胡哨的领带，颜色一般比西服深一些，不要穿"冒牌货"，虽然"水货"价廉，但在正式场合可千万别穿戴假名牌，无论是服装还是饰品，让别人看出来就会影响你的形象。

而穿着对于女士而言，就要更严谨一些，至少应该追求以下三个方面的和谐之美。

第一，服饰美与人体美的和谐

服饰美要体现在与人的关系上，体现在与人的其他部分的和谐上。一是与人的职业、身份、时代、传统习惯等社会因素的和谐。假如一个热爱运动的女人穿了一套运动服去上班，不管她看起来多么年轻有活力，恐怕也是会招人笑话的。二是与身材、相貌、性格、气质、肤色、年龄等自然因素的和谐。假如一个身材有点胖的女人，却选了横条纹的上衣或者裤子，只会更加放大她的缺点。

第二，应与性格相和谐

人的性格多种多样，开朗、活泼、文静、稳重、直爽、温柔……服饰的美，可以给人以美的享受，尤其当服饰十分贴切地体现了人的性格时，更会加深这种美感的程度。反之，服饰如果成为一种强加物，与性格反差甚大，就会破坏人的美。比如性格开朗、热情好动的人适宜选择色彩鲜艳、对比度较强的服装，其装饰线条或图案尽可能明朗一些……

第三，应保持与年龄、季节相和谐

服饰要有年龄感。年轻的女性适宜选择色彩明艳的服装，这类服装色彩的跳跃性较强，视野空间比较广，色彩的心理流动速度也较快，加上修饰线条较多，可以给人以热情与振奋的感觉。而如果一个三十多岁的女人却选了一件过于青春的服饰，即便那件衣服再美，穿在她身上也会显得不伦不类。

当然，好印象可不仅仅是穿着的问题，想要给人以良好的第一印象，还要时刻注意自己的一举一动，包括：走路时挺直双肩昂首阔步；说话时要从容不迫，表达清晰，语气要坚定自信，底气十足；不自我贬低，不说不利于自己能力的话，不过分的谦虚；眼睛能与别人直视；坦然地接受别人的赞扬；在打电话时，应该先对自己微笑，用有力的声音讲话；接电话时，应该让电话铃响到第三声时，再去接；要避免的不雅仪态是：当众嚼口香糖、当众挖鼻孔或掏耳朵、当众挠头皮、当众打哈欠、在公共场合抖腿。

当我们注重了给别人的心理留下好印象时，社交才有可能获得成功。

微笑最富感染力

微笑是一种最简单、最直接表示对他人友好的一种方式，是人际交往成功的一大秘诀，因此，有人把微笑称为人际交往的魔力开关。面对陌生人，只要你展颜一笑，就胜过千言万语。微笑能消除对方的戒备心理，同时也能使你魅力倍增。

为什么微笑能赢得他人的好感呢？这是因为微笑包含着"我喜欢你"、"你使我感到快乐"、"我很高兴遇见你"等含义。当你真诚地向陌生人展示你的微笑时，也等于同时向对方传递了你的善意。所以，他们乐意接受你，乐意与你作进一步的交流。

懂得微笑的人在任何场合都会受欢迎。那些表情亲切温和的人让人感觉如沐春风，人见人爱。即使是遇到陌生人，如果你冷若冰霜，别人也一定会拒你于千里之外；如果你对他微笑，他就像是你面前的一面镜子，也会向你微笑表示友好。

一个人的面部表情亲切、温和、充满喜气，远比他穿着一套高档、华丽的衣服更引人注意。笑容能照亮所有看到它的人，像穿过乌云的太

阳，带给人们温暖。用你的微笑去欢迎每一个人，那么你就会成为最受欢迎的人。

大卫·史汀生是美国一家小有名气的公司总裁，他还十分年轻。他几乎具备了成功男人应该具备的所有优点，他有明确的人生目标，有不断克服困难、超越自己和别人的毅力与信心；他大步流星、雷厉风行、办事干脆利索、从不拖沓；他的嗓音深沉圆润，讲话切中要害；而且他总是显得雄心勃勃，富于朝气。他对于生活的认真与投入是有口皆碑的，而且，他对于同事们也很真诚，讲求公平对待，与他深交的人都为拥有这样一个好朋友而自豪。

但初次见到他的人却对他少有好感，这令熟知他的人大为吃惊。为什么呢？仔细观察后才发现，原来他几乎没有笑容。

他深沉冷峻的脸上永远是炯炯的目光、紧闭的嘴唇和紧咬的牙关。即便在轻松的社交场合也是如此。他在舞池中优美的舞姿几乎令所有的女士动心，但却很少有人同他跳舞。公司的女员工见了他更是畏如虎豹，男员工对他的支持与认同也不是很多。而事实上他只是缺少了一样东西，一样足以致命的东西——一副动人的、微笑的面孔。

因为微笑是一种宽容、一种接纳，它缩短了彼此的距离，使人与人之间心心相通。喜欢微笑着面对他人的人，往往更容易走入对方的天地。难怪学者们强调："微笑是成功者的先锋。"

成功的人士总是脸上带着微笑，因为他们知道微笑的力量。一个表情不友好的人会让别人退避三舍，反之，一个脸上经常带着微笑的人，就会使人感受到一种亲近的感觉，使人忍不住想了解你，这样的人往往更容易俘获人心，自然也更容易成功。

佩斯是某交易所的职员，在交易所工作是非常紧张的，因此他的脾气非常不好，一天都难得有一点笑容；而且在交易所里，他的脾气暴躁，经常和他人发生冲突。

佩斯为此也非常苦恼。朋友善意地告诉佩斯，他人缘不好的主要原因是与人相处不够冷静，缺乏笑容。要让自己冷静下来，要让脸上挂着微笑，才能更容易与人交往。朋友还教他一些微笑的技巧，并要求他时刻记住面对他人时脸上始终要带着微笑。

一个月之后，佩斯又找到他的朋友，他这一次满面春风、信心十足，与一个月之前的样子大相径庭，好像变成了另外一个人。

"我学会了微笑的技巧，这改变了我的人生，我现在不但自己很快乐，也给别人带来了快乐，我感觉自己离成功一点儿都不远。"

佩斯并没有在能力上有太大的提高，也没有特别的手段让业绩提升，只是用了最简单最容易的微笑，就给自己的生活提供了便利，可见微笑的重要性。

微笑让人变得快乐而富有，微笑让人拥有友谊和幸福。微笑是上帝赐予人类最重要的礼物。它能缓和剑拔弩张的气氛，能使当事者双方取得共赢的效果。美国一位著名的心理学家曾说过这样的话："微笑可以办好事，微笑能办成事，这是一个永远不变的真理，任何有经验的成功人士都明白。"

查理·威利有一句名言："挂着笑容你才算是穿戴整齐。"我们要懂得微笑的价值、微笑的魅力。微笑时最富感染力的表情，它能够感染周围的人，为社交创造温馨的气氛。

其实微笑是可以培养的，只要适当练习，用微笑来为自己树立一个良好的形象将不是难事。如我们可以经常照照镜子，观察一下自己微笑时的神态，找出最适合自己的特点的微笑，勤加练习，就会收到理想的效果。

另外，我们还可以用"心"微笑。用心微笑就是展露自己真诚的笑容。当你眼神中流露出温和、体贴、慈爱时，会给人以诚心诚意的感觉，真心的笑容是最美丽的。

最后，笑容要能够收放自如。有节制的微笑才能够表现你的魅力。

笑时要既不张狂也不做作，不要笑起来就一发不可收拾。只有恰到好处的微笑才能够为自己的形象加分。

成功者都是那些"倾洒微笑"的人！因此，请把微笑始终挂在脸上，这样你才会受到所有人的欢迎。

让自己生动起来

任何人都喜欢生动有趣的人。生动，我们从词面上可以理解为有活力、有感染力。事实上，这个词语一点也不抽象，因为一看到它，你总会想起一个人的面孔，想起他热情洋溢的笑容，幽默风趣的话语。

我们总能在电视、电影里看王子被灰姑娘所吸引的桥段，究其原因，就是灰姑娘比贵族小姐们要生动有趣。

生动虽然只是一个小小的细节，但它却是调节人际关系无往不利的润滑剂。仔细想一下，当你和一群陌生人打交道时，那些生动的人是不是会更容易被你记住，而且你也会更喜欢他们？之所以会出现这样的情况，一是因为情绪效应在起作用，是因为我们的大脑对生动的信息加工得比较快，因此容易记住。俄罗斯前总统普京由一个刻板的人转变成为一个魅力四射的人，这个改变的过程就值得我们借鉴。

短小的身材、无表情的面孔、呆板的语言表达能力，没有哪一点能表明他具有总统的素质和才干——这就是俄罗斯总统普京当选后给人们的印象。但出人预料的是，普京在很短时间内就用自己的行动改变了人们的看法。他以铁腕政策对付车臣问题，提高了自己的威望；尤其重要的是，他很会和各种人打交道，没有明显的意识形态，办事务实，从而

赢得了各派的支持；他经常走出去跟普通人打交道，比如，穿柔道服摔跤，穿海员服出海，穿滑雪服滑雪。更让人惊讶的是，他还亲自驾驶战斗机上天。他的口才也有了很大提高，在许多场合，他的幽默常常引人捧腹大笑；而在另一些场合，他的言语则显得很犀利。渐渐地，很多人开始喜欢上这位生动的总统。

普京之所以成功赢得俄罗斯民众的心，关键在于他改变了自己呆板无趣的形象，将自己包装得生动、亲切。正陷在人际泥潭中的您当然可以效仿普京的做法，让自己从里到外都变得更生动起来。

生动的肢体语言和生动的话语，都是打动他人的"最佳武器"。因此，我们需要通过掌握各种技巧，让自己成为一个生动的人。

第一，让肢体语言生动起来

在与陌生人打交道的过程中，最重要的交谈并不是口头表达形式，而是肢体语言的交谈，我们和对方交往的过程中，大部分交谈都是非口头语言形式的。因此，要让对方觉得你是一个生动的人，首先要做的就是让自己的肢体语言生动起来，其细节如下。

1) 头部微微倾斜。最经典的优雅姿态表现就是头部姿势微微倾斜，让你的目光从肩膀上越过与对方保持视觉接触，这样做的目的不仅能让对方看清你颈部的曲线，还能充分证明你在认真地关注着对方。

2) 不时点头，给予对方足够的注意力，如果你们正在交谈，请不要分散你对对方的注意力，要认真聆听对方讲话。

3) 适当模仿对方的肢体语言。当你欣赏一个人的时候，就会不自然地对他的声音、姿势和其他动作加以模仿。如果你要博得对方的好感，就尝试着去模仿对方的表情或姿态。需要提醒你的是，有些动作是不能模仿的。比如，他摸了摸头发，你也摸；他喝水发出怪声，你也那样，他就会对你反感了。

4) 适当碰触对方。握手能帮助你降低对方的意识力，为交谈创造相互尊重的气氛。而初次见面的人都会握手，一定要利用好这一碰触对方

的机会。

5）目光接触，眼神交流。你需要通过眼神将所有正面的信息反映给对方。在与人打交道时切记，千万不要眼神呆滞。正确的方式是微笑着看着对方的眼中，保持 6~7 秒，然后微笑着移开眼神。

6）保持你的微笑。微笑几乎是人际交往中最重要的肢体语言，可能你根本什么都不用说，只需要微笑就能给对方留下好印象。

生动的肢体语言可以传递出很多正面信息，让别人更愿意靠近你。有意识地按照上面的方法进行肢体语言训练，你一定能够取得很好的效果。

第二，软化自己的语言

你有没有遇到这样的困惑，同一件事让不同的人来说会收到不同的效果，比如，说同样的笑话，相声艺术家能赢得满堂喝彩，你却会造成冷场；而同样是女人，林志玲小姐无论说什么都会比一般女人有吸引力。想和他们一样吗？那就请注意下面的小技巧。

1）柔和的语气。粗鲁的人才会大呼小叫，而有修养的人说话总是很温和的。在日常生活中，柔和的语气能让对方觉得很放松，能给人美的享受。

2）不紧不慢的语速。说话的语速非常重要，它决定对方是不是有耐心继续听你说话，是否能听懂你说话。当说话方的语速越来越快，那么，倾听方的眼睛就会越睁越大，因为他们惊讶对方如何做到像机关枪一样说话的，而忽略对方在说些什么。而有些人说话则太慢条斯理，往往让那些急性子的人按捺不住。所以，要时刻调整自己的语速，做到不紧不慢。这样才能让自己的语言生动有活力。

3）抑扬顿挫的语调。高亢的语调可能有气势，但未必是在交流中最好的一种语调。因为用尖锐的声音传递的信息，表现出典型的女性特色，容易受到低估。

4）谈话内容要有内涵。有内涵的谈话内容会让你的语言锦上添花，

因此，尽量让自己的语言条理清晰，幽默风趣。

让自己生动起来，你的社交生涯也将生动起来。仔细领悟我们提供的技巧并灵活运用，下一个"普京"就是你。

充分展示你的个人魅力

想要让别人更好、更全面地认识你，就要充分地向人展示你自己的个人魅力。人际交往中，个人魅力的作用相当于一张无形却最值钱、最能介绍你自己的名片。能否运用得好，直接关乎你的受欢迎程度。

那么，什么是个人魅力呢？它是指一个人的所作所为作用于其他人内心的一种吸引力和感染力。不单指帅气的外表，也不仅是指过人的才能，也不光指高尚的品德，而是由外表、才能、性格、情智、气质、品德、素养等多方面因素的有机交融的一种综合力量。谁能把这些综合指标发挥到恰到好处，谁就是那个最有魅力的人。

魅力不是装出来的，它是由内而外散发出来的迷人的气息。艳若桃李，淡若梅菊，都有一副自然的风貌，一段天然的风骨，魅力是一种全感官的表达与享受。上帝给予每个人的先天魅力是有限的，而后天修炼的魅力是无限的。魅力的修炼，取决于对细节的尊重，细节虽小，却构成了魅力的全部。拥有魅力的人像夜露折射着莹莹月光，似溪水涌动着融融春意，他的魅力总能在不经意间芬芳四溢。他的一颦一笑，无不流露着花开花谢。

现实生活中，我们会发现，有些人似乎比别人都幸运，他们的成功常常来得更快一些。其实，这并不是因为他们比别人拥有更多的智慧，

而是因为他们身上具有某种能吸引人的品质，正是这种出色的人格魅力，使得更多的朋友愿意帮助他们，更多的客户愿意与他们合作。

如果你是一个喜欢拳击运动的人，你就不可能不知道唐·金先生——这个当今全球最成功、最有影响的职业拳击推广人。唐·金先生曾经先后成功的推广过默哈穆德·阿里、琼·弗雷泽、拉瑞·霍姆斯、麦克·泰森、苏格·雷·莱昂纳多、伊万德·霍利菲尔德和菲利克斯·特立尼达德等近一百位拳击手，并已在全球成功地推广了五百余场拳王争霸赛。

而唐·金先生能取得这样令人瞩目的成绩，不仅仅是因为他超强的工作能力，更是与他的个人魅力和个人感染力分不开的。

"中国成都·**2008WBC** 世界职业拳王争霸赛"赛前新闻发布会，一直以个人魅力和个人感染力而著称的唐·金先生也来到了现场。会场之上，唐·金先生的开场白就是，"再一次回到成都，我的故乡。我爱成都！"这一句话立刻使现场气氛热闹了起来。随后唐·金先生的发言中，多次利用幽默的语言使现场发出热烈的笑声。唐·金先生把现场气氛推得一浪高过一浪，让更多的中国人认识到了再一次来到中国的他的个人魅力。

活动结束后，在唐·金离开发布会现场的过程中，再次引发媒体的竞相采访，俨然他就是本次活动的关注的焦点，可见 **77** 岁的唐·金先生，依靠非凡的个人魅力，征服了在场的所有人，风头直逼体育明星。

既然个人魅力如此重要，那么我们该怎么做才能有效地提高个人魅力呢？培养个人魅力，就要塑造其成功的个性，而这又有赖于气质的培养。心理学研究表明，气质与遗传因素特别是和大脑高级神经系统的特性有密切的关系，具有先天性。可是，这并不意味着一个人对自己的个性就完全无能为力了。相反，为了提升自己的人性品质，我们应该积极地克服那些对自己不利的性格因素，寻找能为自己的个人魅力加分的良方。

首先，魅力来自于勇敢坚强的性格。如果一个人在危机到来之前就

提前倒下了，又或者在挫折面前自暴自弃、怨天尤人，这都会让你的魅力形象尽失。我们应该在关键时刻，表现得勇敢、坚强，也许只是一个果断的决定，一个坚定的眼神，一句斩钉截铁的话或者一个有力的拥抱，都能体现出一个人的魅力。

其次，魅力来自宽容豁达。与之相反的是那种斤斤计较、小肚鸡肠、锱铢必较，鸡毛蒜皮的小事也要和人争执半天的人，他们有什么魅力可言呢？只会让人觉得无聊。宽容豁达才能显出一个人的风度，胸怀宽广是有涵养的表现。

此外，魅力来自于自信。一个人如果没有自信心，就根本不可能有坚强、勇敢、稳重的性格。自信心是促使一个人前进的内部动力，也是他取得成功而必备的、重要的心理素质。只有拥有了自信，才可能在艰难的事业中有必胜的信念，才可能攀登上人生的最高峰，托起成功的巨轮！

还有，魅力来自于幽默。幽默是一种高雅的品质，它是睿智与阅历的体现，是人际交往的润滑剂。俄国文学家契诃夫说过：不懂得开玩笑的人，是没有希望的人。无疑，善用幽默，可有效提升自己的个人魅力。同时，幽默是一种智慧的表现，要培养自己的幽默感最重要的是扩大自己的知识面，不断从浩如烟海的书籍中收集幽默的浪花，只有拥有了广博的知识，才能做到谈资丰富，妙言成趣，从而做出恰当的比喻。另外，要有乐观精神。因为幽默感和乐观精神是亲密的朋友，很难想象一个成天愁眉苦脸、忧心忡忡的人会有出色的幽默感。

最后，如果你能做到以下 **10** 个细节，那么你也必将成为一个有个人魅力的人：把您遇到的每个人都当做是您今天遇到的最重要的人；与别人握手时注视别人的眼睛；充满热情地与人握手，握手时，要表达出对对方的肯定；微笑多保持两秒钟，定会使你平添魅力；外表很重要，见面之前，仔细检查一下衣着；真诚地赞美别人；及时肯定别人的成绩；把自己的感情投入到对方的情境中去；要像小孩子一样对您所居住的世

界发生兴趣；回答对方问话时要针对个人的性情、喜好，而不要针对他们的话。

一个人的人格魅力同他的智力、受教育程度一样，都是能直接关系到他的前途的。就连拿破仑·希尔都说："一个人能否成功与他的个人魅力有密切的关系，那些能够成功地创造财富的人往往拥有能招财进宝的个性。良好的个人魅力是一种神奇的天赋，就连最冷酷无情的人都能受到他的感染。"

所以，任何一个想要拥有成功的人，都需要在日常生活和工作中，注意提升自己的个人魅力。当你拥有卓尔不群的个人魅力时，赚大钱的机会就会悄然降临。

优雅的举止更能博得欣赏

优雅的举止展示了人的外在魅力，从得体的举止，可以看出一个人是否有良好的个人素质，优雅的举止，能给人以深刻良好的印象，能博得他人对你的欣赏。

清朝末期，慈禧太后执掌清朝政权，在她从一个普通的八旗女子登上太后宝座的过程中，优雅的举止起到了不可忽视的作用。

慈禧太后原名叫叶赫那拉氏，16岁时通过选秀进入皇宫，入宫之后，叶赫那拉氏并没有得到皇帝的宠幸。她是一个颇有心机的姑娘，她想凭借美貌是不能够打动皇帝的，如果有了优雅的举止，就会对自己的美貌起到锦上添花的作用。于是，她每天都锻炼自己的坐姿、走姿和站姿，希望有朝一日能得到皇帝的宠幸。

一天中午，叶赫那拉氏闲来无事到一条小路上散步。那天恰逢咸丰帝乘坐小轿从初宫到水木清华阁去午睡避暑，他看到一个风姿卓绝的女子在他前面慢慢地走着，他一下子就被她那优美的身姿吸引住了。当时，叶赫那拉氏是背对着他的，他立即叫叶赫那拉氏转过身来，在梧桐的浓荫掩映之下，他看到的竟是一个绝色的美人。

叶赫那拉氏就这样被咸丰帝发现并召幸，被奉为贵人，一年之后又生下一个儿子，即为历史上的同治帝。从此叶赫那拉氏平步青云，从贵人到懿嫔，到懿妃，再到懿贵妃，最终成为权倾朝野的太后。可以说这一切的得来，跟叶赫那拉氏注重自身的举止有很大的关系，如果没有优雅的举止，她就不会被咸丰帝发现，也就不会拥有一生的荣华富贵。

举止是一个人自身素养在行为方面的反映。优雅的举止，可以使人显得有修养，给人以美好的印象；反之，就会给人留下不良的印象。一个人的举止在他人的印象中占有重要的位置，它就像是一面镜子，展示了你的审美观点，也展示了对他人的尊重。

陈伟虽然是个年轻人，却不太注意自己的行为举止，走起路来有气无力的，站在哪儿也是东倒西歪，给人感觉非常别扭。一些好朋友经常劝他说："你这么年轻，怎么站没站相，坐没坐相的，看起来一点精神都没有。"他则说："人只要有能力就行了，大丈夫不拘小节，哪儿有那么多讲究呢？"

然而，事实并非像他想象的那样。他第一次找工作时，给一个大企业投了简历，初试、笔试都进行得非常顺利，而且成绩相当不错，他以为找到这个工作应该是水到渠成的事了。可是，他却在最后的面试时被淘汰下来，其原因就是因为不注意举止引起的。

最后的面试是由老总亲自主持，从陈伟走近办公室开始，老总就一直皱着眉头，简单问了几句就把他打发走了。那个老总后来对人事经理说："陈伟各个方面都还不错，可是他有气无力的走路姿态实在让人受不了，看了就觉得刺眼，如果录用了他，难保不影响其他的员工。"

陈伟就因为这个简单的原因被淘汰了,可见举止在社交过程中所起的重要作用,它在很大程度上决定了他人对你印象的好坏。因此,行为举止虽然是小事,但在社交中也要给予充分的重视。

在社交中怎样才能向人们展示自己优雅的举止呢?

第一,举止有度,得当

举止有度,指的是一个人的举止必须符合一定标准,也就是"站有站相,坐有坐相"。除此之外,走路的姿态也应该引起注意。做到举止得当,就应该了解言行举止具有的不同表达含义。在适当的场合正确、恰当运用这些礼仪,将自己的意愿准确表达出来。诸如举手、起立鼓掌、拥抱等动作就是人们经常使用的礼貌举止。

第二,举止文明

举止文明是一个人所应具备的基本素质,只有举止文明的人,才能得到他人的尊敬。在社会中与人交往,要尽量避免有失文明不雅观的举止。

第三,举止潇洒

举止潇洒是指交际者要表现出自己的风度,男士应具有阳刚之美,女士要有阴柔之美。男士的潇洒并不是忸怩作态、装腔作势,在交际中理应自然大方、谈笑自若、从容镇定。在正式的场合中,男士的作用非常重要,他是社交活动成败的关键因素。女士也应该将自己的温柔娴静、典雅温馨之美展现出来,动作要灵活自若,切不可忸怩作态。遇到对方向你致意,你理应热情回应,或点头示意,表示出应有的礼貌。

恰当致意更能赢得喜欢

致意是向他人表示一种良好祝愿或欢迎的行为。对人亲切的致意，是创造良好人际关系的一种形式。恰当的致意，可以增进彼此之间的感情，为社交成功奠定基础。

某公司有一批货急需出手，公司的销售主管穆女士决定到一家超市寻求合作。穆女士此时忧心如焚，因为，再有两个月时间，这批货物就要过保质期了，如果再卖不出去，就会造成一大笔损失。

经过仔细权衡后，她直接找到该公司的董事长。穆女士轻轻地敲开门，然后恭敬地向董事长致意，详细地向其说明了情况。在整个商谈过程中，她一直表现得优雅得体。董事长一直在很注意地倾听并观察着她，并为其得体的做法所折服，很快与其签订了协议，而且还给穆女士作了较大幅度的优惠。

穆女士后来说："我在事后才听别人说起，董事长是一个特别注重礼仪的人，我在找到董事长以后，如果没有恰当的致意，以及得体的言谈举止，事情可能不会这么顺利。"

致意是社交场上的一种常用礼节，它是用一种无声语言来达到心灵相通的形式。有时候，面对陌生人，一个恰当的致意就可以改变一个人，就像下面这个故事一样。

某人看到一个衣衫褴褛的推销员在寒风中蹲在路边卖铅笔，顿生怜悯之情，对他说："你好！这么冷的天，你还出来卖东西，辛苦了。"随后又顺手丢给他一元钱。走了几步，他又觉得不妥，就返回来，向推销员友好地打了一声招呼，并从地摊上拿起一支笔说："哦，我也是个商人，刚才忘记拿笔了，现在取回，你不会介意吧!"

几个月后，在一个展销会上，一个穿戴整齐的推销商迎上他说："你可能早已忘记我了，可我永远不会忘记你，是你的一句问候重新给了我自尊。一直以来我认为自己是个乞丐，直到那天你让我重新找回了自尊。"

这个人可能不会想到，自己的一句问候，竟使一个处境窘迫的人重新树立了自信心，并通过自己的努力取得了可喜的成绩。当时他只是给了这个路边可怜人礼貌的致意，让他觉得自己不是个乞丐，而是一个有尊严的人。致意一般要遵循以下几个方面的原则。

第一，致意的顺序

致意的基本顺序是：职位低者要先向职位高者致意，学生先向老师致意，晚辈先向长辈致意，男士先向女士致意。

第二，致意的形式

致意一般分为举手致意、点头致意、微笑致意、欠身致意、脱帽致意等多种形式。一般来说我们在致意的时候都会使用两种以上的形式，如点头与微笑并用，欠身与脱帽并用。致意的时候需要我们根据不同的场合，运用不同的致意方式。

第三，致意注意事项

向别人致意要文雅大方，在致意时一般不要大声叫喊，以免惊动别人。致意的动作不可敷衍塞责，也不可满不在乎，必须认真对待，以此来显示对对方的尊重。

致意是用语言或行为向他人表示问候、尊敬之意。致意是交际应酬中最简单、最常用的一种礼仪。聪明的人善于运用致意，建立起与他人良好的关系。

有涵养才能有人缘

一个人的内涵包括道德素养、知识结构、情操抱负等。在社交中，如果只是学习一些技巧，而不注重提升自身的内涵，则很难取得社交的成功。

内涵是沉积的智慧，智慧在一点点地琢磨着一个人，展现着一个人的魅力。只是不断增加个人内涵，才能拥有与众不同的韵味，成为一个让人一见难忘的人。

一个中年主妇觉察到自己的丈夫经常在家里夸奖他的女助手，她心里有些疑惑，于是开始每天描眉画眼、梳妆打扮，甚至不惜花一大笔钱去做美容手术。谁知她的丈夫对她的精心打扮却熟视无睹，仍旧每天大谈特谈他的那个女助手。

妻子沉不住气了，试探着开始打听女助手的背景。丈夫于是邀请妻子一同去探望那位女助手。一见面，妻子大为吃惊，女助手既不年轻也不漂亮，而是一位头发开始花白、身材已经发福的普通妇人。但言谈举止中透露出的那种内在涵养，周围的人无不受到她的感染，甚至这位妻子也抵抗不住她的魅力，十分急切地想和她交朋友。后来，这位妻子终于明白了，有内涵的美赋予一个女士的魅力是无可比拟的。

年轻人虽然在风华正茂时可以毫不费力地靠外表吸引他人的注意，但如果他们因此而忽略了对自己个性的创造，到年老时才想到要去弥补，那就太迟了。而那些平凡的不起眼的人，只要注意培养自己独特的气质，无论到了什么年纪，照样可以给人年轻而有活力的感觉，他们身上更有一种让人无法抗拒的独特的魅力，这份魅力可以让他们到处都受欢迎。

有一位擅长绘画的学生，他在绘画上非常有天赋。毕业后，他准备向广告设计方面发展。招聘会上，他投递了一份精心制作的简历，将设计方面的才华表现得淋漓尽致。很快，他就得到了笔试的机会。笔试内容是设计一面墙壁的地产广告，他的设计风格独特而新颖，在应试的人中脱颖而出。

几天后，他又得到了参加面试的消息。这是一家知名的大型广告公司，是很多人都想进的理想单位。这位学生也为能有这样的一次机会而高兴。面试那天，他特意打扮了一下，一反往日随意的形象。他以为，凭着他的才华，这个职位必然是他的了。

然而，事情的结果并非如此。面试后，他被拒绝了。后来，有知情者透露：本来公司非常看好他的才华，但是，在面试的过程中，该学生没有一点礼貌，说话尖酸刻薄、恃才傲物。面试官让他看其他面试人员的作品时，他大加讽刺。面试官由此断定，此人没有团队合作精神，虽有才能，但人品不好，因此拒绝了他。

在这个故事里，擅长绘画的这位学生，就是没有内涵而没有被录取。要知道，一个人的某一方面有特长，并不足以代表这个人就完全有能力胜任某项工作，还需要有内在的涵养。虽然，没有人要求我们在哪一方面都出类拔萃，但是，我们至少要在能力、品德与修养等方面有一定的内涵，尤其不能在人品上有过大的瑕疵。否则，你很难拥有良好的人际关系，更不用说成就精彩的人生了。

人的内涵是内心之中的一种品德，是通过外在行为来表现的美好情操。内涵贫乏的人，他的外在形象必然平庸乏味；内在涵养丰富的人，他的外在形象自然也是光彩照人的。内涵一旦形成就会从你的每一个行为中表现出来，让他人过目不忘。内涵是人外化的灵性，人格魅力实际上是内在涵养的外在显现。在社交中，有人格魅力的人，对人、对事都能表现出真心实意的态度，这样才能得到他人真正的尊敬，才能够吸引

他人。那么，怎样才能丰富自己的内涵呢？

第一，多读书，读好书

提高自身涵养最重要的途径，就是读书，而且是读好书。读书是获取信息的重要手段，一本好书可以帮助人开阔眼界，增长知识，可以让人在社交中与人更好地交流。通过读书，可以提高自身素质，提升自身的交际形象。

第二，考验锻炼自己

一个人的丰富内涵，除了来自于书本的知识，还得益于生活对人的考验和锻炼。从某种意义上说，任何一次考验和锻炼，都能提高我们自身的素质。那些经受过各种艰难考验的人们身上，常常散发着智慧的魅力，在社交过程中，更容易被他人接受。

第三，用思考深化自己

古人说："学而不思则罔。"意思是说，在学习时如果不加思考，就会变得糊涂。养成勤于思考的习惯，可以深化人的思想，丰富人的内在涵养，从而能够提升其外在的形象。

一个人如果社交技巧丰富而缺乏真正意义上的内涵，不但不能赢得他人的好感，反而会给人留下一种虚伪不真诚的印象。一个真正有内涵的人，即使拙于社交技巧，他也会取得成功。

炫耀自己不如秀他人

生活中我们常常会遇到这样的困惑：明明自己工作做得很好，各方面比别人强、比别人贡献大，却总是得不到大家的认同，甚至没人愿意接近自己。这是为什么呢？原因往往就是因为你树大招风，过于表现自己而招人嫉恨。

我们在日常生活中不难发现这样的人，他们思路敏捷、口若悬河，但给人的感觉是狂妄自傲、目中无人，所以别人很难与他相处。这种人很爱表现自己，总想让别人知道自己很有能力，往往显露自己的优越感，以为这样能获得他人的敬佩和认可。其实，不给别人表现机会，只会让自己"众叛亲离"！

每个人心中都有一种强烈的表现欲望，在与人交往中，一定要注意到这个细节，时刻给别人留有表现的空间和机会，才能更好地融入团队。

厉娜在一家大型公司上班，让她自豪的是，在公司她几乎是人员最好的人，但是过去的情形并不是这样。

在初到公司的几个月里，厉娜在同事中没有一个朋友。为什么呢？因为她太强了，几乎没有她解决不了的问题，任何事她都自告奋勇去主动接受任务，一直保持着优异的业绩。

"我工作得不错，并且引以为傲，"厉娜对丈夫抱怨说，"但我的同事不但不分享我的成就，而且还极为不高兴。我渴望这些人能够喜欢我，认可我，我真的很希望他们成为我的好朋友。"

丈夫对她说："你不要总是急于表现自己，什么事你都抢尽风头，别人的机会不就少了吗？没有人希望和这样一个太出众的人做好朋友，因为和你在一起，他们的光芒就会被你全部掩盖。想让别人接纳你，那么你何不多留些机会让别人也能表现一下呢？这样也许他们就会慢慢地接纳你。"

厉娜听了丈夫的忠告，从此变得不那么争强好胜，而是把更多的机会留给别人去表现。在与同事闲聊的时候，厉娜开始少谈自己，而且花很多时间去认真听同事们说话。渐渐地她发现，同事们愿意和她聊天了，对她的态度也开始友善、亲切起来。慢慢地，大家有什么话都喜欢告诉厉娜，后来几乎所有的同事都成了她的朋友。

过于突出地表现自己，会让你身边的人黯然失色。只有收敛自己，

给别人以表现的机会，才是融洽人际关系的一种方法。

在交往中，每个人都希望能得到别人的肯定。当我们表现得十分出众时，别人就会产生一种自卑感，如果过分地显示出高人一等的优越感，那么别人的排斥心理就应运而生，甚至对我们产生敌视情绪。所以我们对于自己的成就要轻描淡写，我们要谦虚，要给别人表现的机会，只有这样我们才会受到朋友们的欢迎。

林博涵是个做菜高手，嫁到夫家，自信满满地烧出满桌佳肴。丈夫、公公、小叔子都夸她的手艺很棒，但唯有婆婆给她的脸色越来越难看。她越想越想不通，自己那么勤劳，里里外外都打点得很干净，菜又做得不错，为什么就是得不到婆婆的认可。

一年后，她的小叔子也结了婚，让她更想不通的是，婆婆竟然喜欢这个连面都不会煮的新娘子！婆婆怕新媳妇不会做菜，总是亲自下厨做东西给新媳妇吃，还手把手教她怎么炒菜，甚是高兴。

当她把这件事告诉好朋友，说自己真是觉得委屈死了，为这个家贡献那么多，到头来还不如什么都不会做的弟媳妇。朋友听后笑了，说道："以前一直是你婆婆照顾丈夫、儿子的起居，你一来，那么能干，让全家人的注意力都一下子转移了，婆婆的成就感和优越感一下子都被剥夺了，这叫她如何能开心得起来？如何能给你好脸色呢？"林博涵听后恍然大悟。

很多时候，我们都会害怕别人看不到自己的好，所以会很努力、很认真、很负责任地做好每一件事，以求做得更加周全，但这样的面面俱到未必会使人感激、得到别人的认可。如果我们都只是为了表现自己的美和好，而忽略了去挖掘别人的美和好，甚至在自己擅长的领域丝毫不给对方表现的机会，时间长了，关系就会失衡。

多给别人机会，才能博得大家的支持，才能为你的事业奠定基础。每个人都希望展现自己，那些善于给别人机会的人总能赢得更多的知己和成功的机会，而那些炫耀自己、不顾他人的人总是令人反感、厌恶，最终在交往中使自己到处碰壁，使自己的成功之路处处受阻。

倾听比倾诉更让人倾心

积极倾听是一种非常好的回应方式，既能鼓励对方继续说下去，又能保证你理解对方所说的内容。要熟练地使用这种技巧，首先要知道，当别人和你说话时，发生着什么样的事情。

人际交往首先源于个人内心。对方先是有一些感受或者想法想告诉你。为了传递这个信息，他首先必须将其转换成语言以及非语言代码，以便你能够理解。至于他选择什么样的代码，什么样的语言和动作，以及说话时的音调，会由他的目的、所处环境和你的关系亲密程度，以及他的年龄、教育背景、社会地位、文化背景和感情状况所决定。这个把内心的想法和感受转换成信息的过程被称为编码。

例如，假设你在给一个朋友播放音乐，他很喜欢，却希望能柔和一些。你无法知道他头脑中的想法，于是为了让你知道，他把自己的感受编码，用盖过音乐的声音对你说："声音关小点儿！"

一旦发送出去，信息就会通过一定的渠道传播（通常是双方之间的空气或者电话线）。这一渠道中的其他声音则经常会歪曲传递的信息。在这个例子中，高声播放的音乐声会造成一定的歪曲，你耳朵接收到的信息很可能会与对方发出的信息有很大差别。

在你进行解码、给接收到的语言和非语言信号赋予一定的意思时，不可避免地又会发生进一步的歪曲。你的脚趾、耳朵、眼睛、手以及身体的其他部分每秒钟会接收到将近四万个脉冲，而你只能将注意力集中于其中很小的一部分。至于你会注意到哪些部分，则受到你的期望值、

需求、信念、兴趣、态度、经验和知识的很大影响。萨斯雷、奥尔森和惠特尼在《交谈》一书中写道："据说，我们说出来的只是我们所想的一半，而我们听到的又只有一半，能够记下来的还要再减一半。"我们总是倾向于听我们想听的内容，看我们想看的东西。正如格式塔治疗运动的创始人福里茨·帕尔斯所说："这个世界的图像并不是自动进入我们大脑的，而是有选择的。我们不是在看，而是在寻觅着什么。我们不是听见世界上所有的声音，只是在听。"

正因为这样，对方发出的信息往往与你根据各种信号判断出来的信息有着很大不同。你的印象往往并不与对方的意图相吻合。

在以上的例子中，如果你正确地理解了对方的信息，你就会得出结论：他希望把音乐声调低一些。但是如果你理解成："你让我生气了。"你可能就会给出不恰当的回应。信息经常被错误地解码，而双方都对出现的误解一无所知。

这就是为什么积极倾听如此重要。你不应该过分地相信自己的直观感受并以此来行事，而应当掌握这门技巧，保证你准确地进行解码，了解对方真正的意图。

倾听能使对方喜欢你，信赖你。每个人都希望获得别人的尊重，受到别人的重视。当我们专心致志地听对方讲，努力地听，甚至是全神贯注地听时，对方一定会有一种被尊重和重视的感觉，双方之间的距离必然会拉近。

玛丽是罗宾见到的最受欢迎的女士之一，她经常受到邀请参加聚会，共进午餐，担任扶轮国际的客座发言人，打高尔夫球或网球。

一天晚上，罗宾到朋友斯旺森家参加一次社交活动。他发现玛丽和一个漂亮女孩坐在角落里，玛丽好像一句话也没说，她只是在专注地倾听对方讲话，有时微笑，有时点头。

第二天，罗宾见到玛丽时禁不住问道："昨天晚上在斯旺森家，我看见你和一个漂亮的女孩在一起，她好像完全被你吸引，她当时滔滔不绝的样子，证明你完全抓住了她的注意力。你用什么方法让那个女孩如此激动？"

"很简单，"玛丽说，"斯旺森太太把艾丽斯介绍给我，我只问她："'你的皮肤晒得真漂亮，在冬季也这么漂亮，是怎么做的，你去哪儿了？阿卡普尔科还是夏威夷？''夏威夷，'她说，'夏威夷永远都风景如画。''你能把详细情况都告诉我吗？''当然。'于是，我们就找了一个安静的角落坐下，接下去的两个小时她一直在谈夏威夷……今天早晨艾丽斯打电话给我，说她很喜欢我，并想再见到我，因为我是最有意思的谈伴。但说实话，我整个晚上没说几句话。"

卡耐基说："耐心地听完他人的观点，然后再清楚地说出自己的观点，你会发觉别人很注意你。"这话便说明了一个问题。当你耐心地听完别人的观点的时候，你便是尊重了别人，所以当你叙述自己的观点的时候，别人也同样会回报你以尊重。

不用怀疑，任何人都是对自己的事情更感兴趣，对自己的问题更关注，更喜欢自我表现。一旦有人专心倾听他们谈论自己时，就会感受到自己是被重视的。卡耐基曾说：专心听别人讲话的态度，是我们所能给予别人的最大赞美。所以，善于倾听的人，永远比善于表达的人更能赢得陌生人的好感。

一位顾客在一家商店购买了一套西服，由于掉颜色的问题，要求退货，而售货员坚持说是他自己的问题，所以两个人就争执起来。争吵声引来了商店经理，售货员想向他解释，他制止了。

他走到顾客面前，向他表示真诚的道歉，然后又请他在旁边的沙发上坐下来，把具体的情况说一下。他诚恳地静静听完顾客的抱怨和发泄，等顾客说完，他才让售货员说话。

当彻底了解清楚争吵缘由的来龙去脉后，经理真诚地对顾客说："真是万分的抱歉，我不知道这种西服会掉颜色。现在怎么处理，本店完全听从您的意见。"

顾客说："那么，你知道有什么法子可以防止西服掉颜色吗?"

经理问："能否请您试穿一周，然后再作决定？如果到时候您还不满意，那么我们无条件让您退货。好吗?"结果，顾客穿了一周后，西服果然没有再掉颜色了。

这位经理就是有效地利用了倾听这一技巧，使得本来剑拔弩张的气氛缓和了下来，并最终轻松地解决了问题。

在社交过程中，善于倾听无形中起到了褒奖对方的作用。仔细认真地倾听对方的谈话，是尊重对方的前提，能够耐心地听说话者诉说，就等于告诉对方"你说的东西很有价值"、"你是一个值得我结交的人"。无形之中，说者的自尊就得到了满足。于是，说者对听者就会产生一个感情上的飞跃，认为"听话"者能理解自己，并欣慰于自己终于找到了一个可以倾诉的机会。如此，彼此心灵间的交流就使得双方的感情距离缩短了。

第二章 赢得人心的关键细节

古人曾说"得人心者得天下"，可见在社交中赢得人心是何等的重要。不过，赢得人心的方法不是露骨地"巴结"，不是说一些阿谀奉承之言，而是抓住细节，运用技巧去获得人心。掌握并能娴熟地在细节上施以技巧，你就能在社交中左右逢源、游刃有余。

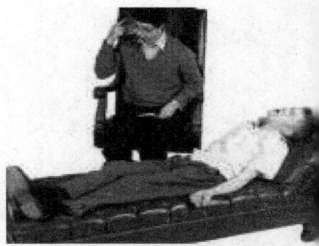

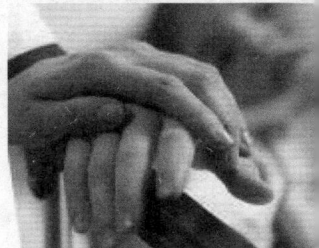

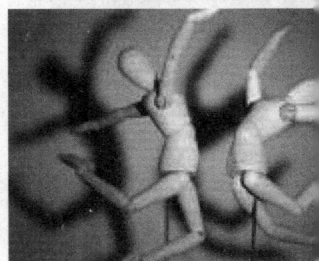

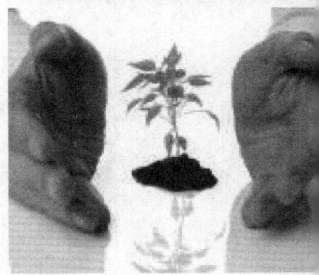

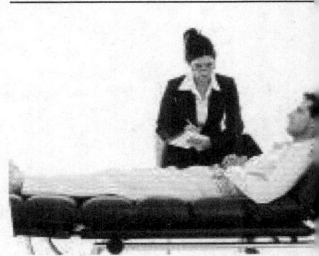

真诚是沟通心灵的桥梁

真诚是沟通人与人之间心灵的桥梁，是每个人在人际交往中都渴望达到的一种境界。人际交往的心里规则告诉我们，一个人只要真诚，总能打动人。无论是朋友也好，敌人也罢，只要真诚地对待他人，必将有意想不到的收获，必将得到一份意外的惊喜。

意大利物理学家伽利略年轻时立志在科学研究方面有所成就，可他的父亲十分反对他搞研究，因此，他希望得到父亲的支持和帮助。

有一次，伽利略真诚地对父亲说："父亲，我想问您一件事，是什么促成了您和母亲的婚事？"

父亲回答说："因为你的母亲十分吸引我。"

伽利略又问："那您有没有娶过别的女人。"

父亲说："没有，孩子。家人曾经给我介绍了一位非常富有的女士，可是我只对你的母亲情有独钟。"

伽利略说："您说的一点也没错，我可以理解您，您不曾娶过别的女人，因为您爱的是她，可是您知道吗？我现在也面临同样的处境！除了科学以外，我不可能选择别的职业，因为我喜爱的正是科学！其他事物对我而言，都毫无用途与吸引力！难道我要去追求财富或是荣誉？科学是我唯一的需要，我对它的爱，就如对一位美貌女子的倾慕。"

父亲说："像倾慕女子那样？你怎么会这样说呢？"

伽利略说："一点儿也没错！亲爱的父亲，我已经 18 岁了！别的学生，哪怕是最穷的学生都会想到自己的婚事。可是，我却从未想过。因为

别人都想寻求一位标致的姑娘作为终生伴侣，我却只愿意与科学为伴。"

父亲不说话了，只是默默地听。

伽利略继续说："亲爱的父亲，您有才干但没有力量，可是我却能兼而有之。为什么您不能帮助我实现我的愿望呢？我一定会成为一位杰出的学者，并能获得教授身份。如此，我便能以科学为生，而且比别人生活得更好。"

父亲为难地说："可是我没有钱供你上学。"

伽利略激动地说："父亲，您听我说，很多穷学生都能领取奖学金，这些钱是公爵宫廷给的，我为什么不能去领一份奖学金呢？您在佛罗伦萨有许多朋友，交情也都不错，他们一定会尽力帮助您的。也许您能到宫廷去处理这件事，我们只需要请他们去问问公爵的老师奥斯蒂罗利希就行了，他了解我，知道我的能力！"

父亲被说动了："嗯，你说得有道理，这是一个好主意。"

伽利略抓住父亲的手，开心地说："父亲，求您尽力而为。我向您表示感谢之情的唯一方式，就是保证自己成为一个伟大的科学家！"

伽利略凭借真诚的语言最终说服了父亲，实现了自己的理想，成为世界著名的科学家。

由此可见，真诚是一种巨大的人格力量。一旦具备了真诚的人格品质，你在别人印象中就与信用、善良、美德结缘。

真诚会让对方在交往中感到安全，并且对将要进行的事情有明确的预见性，这种安全感会让人们在舒服之余对你产生信任。如果对方感觉不到你的真诚，他们则会下意识地觉得被欺骗，同时产生一种不确定性，本能地认为你会对他造成伤害。人最恐惧的不是一件不幸事件的发生，而是要随时担心一件事情的发生。这种担心会使人长期处于高度自我防卫状态，并使人在主观上感到焦虑和不安。如果你无法给予对方真诚，对方则会一直担心你对他的欺骗和伤害，并一直防备着你，最终导致交往无法继续。所以，我们高度期待"真诚"，而对于不真诚高度拒绝。

我们需要真诚，更需要在交往方式上把真诚发挥出来。它是一种品质，如果不将它巧妙地运用到交往中，它的力量就不会呈现。与他人相处，遵守以下原则，才能体现出对他人的真诚：

第一，讲真话，做实事

在与他人交往时，要想得到对方的肯定和认可，你就要讲真话、实话，做真事、实事，而不是遮遮掩掩、吞吞吐吐。只有这样的人，才能换得他人的友谊与帮助。

第二，向他人敞开心扉

自己真诚实在、表露真心，敞开心扉给人看，对方会感到你信任他，从而卸下猜疑、戒备心理，把你作为知心朋友，乐意向你诉说一切，并在此基础上，并肩携手、合作共事。

宽容是赢得人心的关键

海纳百川，有容乃大。大千世界，芸芸众生，不能要求他人的处世方式都尽善尽美。你宽容了他人，他人会成为你的朋友。这种宽宏大量不仅是每个人必须读懂的社交规则，也是日常生活中人与人之间建立友好关系的必备因素。

欧阳修和王安石同朝为官，但是他们之间也发生过不愉快。欧阳修是一个爱才之人，也是一个性情中人，秉性特别耿直，因此与他初识的人都觉得他有点难以相处。

欧阳修初识王安石的时候，非常欣赏王安石，他见王安石风流倜傥、才华横溢，就写了一首诗给王安石送了过去。诗的大意是说，王安石现

在还年轻，只要加以磨炼，来日必将成大器。然而，欧阳修的热情换来的却是王安石的冷漠，王安石给欧阳修回赠了一首诗，在诗中他说："他日傥能窥孟子，此身安敢望韩公？"在诗中，王安石把自己比做孟子，将欧阳修比做韩愈，但是自己却又不敢攀附于他，王安石的做法无疑是不给欧阳修面子。

但是欧阳修是个宽容的人，他并没有大发雷霆，只是微微一笑，不再提及此事。后来，朝廷选拔官吏，他还推荐王安石当宰相。王安石在朝期间，积极进行改革，取得了一定的成绩，这与欧阳修的推荐是分不开的。

宽容之心是一个人高尚品格的表现。人与人之间平等相处，共同生活在这个世界，本无大的冲突，所以在与人交往的时候，要学会厚道宽容，得饶人处且饶人。如果人人都能够对他人报以宽宏的态度，那么人们之间的分歧和矛盾不仅会缩小或消失，而且彼此之间的关系也会更加亲密，这样才有可能更好地与人交往。

孟尝君曾经担任齐国的宰相，在各国声望都很高。他家中养了许多食客，其中有一位食客与孟尝君的小妾私通，有人将这事报告给了孟尝君，说："身为人家的食客，暗中却和主人的小妾私通，实在是太不应该了，理当将他处死。"孟尝君听后，只是淡淡地说了句："喜爱美女是人之常情，不必再提了。"

一年后，孟尝君召来那位食客，对他说："您在我门下已经有很长一段时间了，到现在还没有适当的职位给你，我心里十分不安。卫国国君和我私交很好，不如让我推荐你去卫国做官吧。"

于是，这位食客来到了卫国，受到卫君的赏识和重用。后来，齐国和卫国关系恶化，卫国国君想联合各国攻打齐国。此人对卫君说："臣之所以能到卫国来，全赖孟尝君不计前嫌，将臣推荐给大王。臣听说齐、卫两国的先王曾经相互约定，将来子孙之间绝不彼此攻伐，而陛下您却联合其他国家去攻打齐国，这不仅违背了先王的盟约，同时也辜负了孟

尝君的情谊。请陛下打消攻打齐国的念头吧。不然，我宁愿死在大王面前。"卫君听候，十分佩服他的仁义，于是打消了攻打齐国的念头。齐国的人听后赞扬道："孟尝君实在是善治政事，竟然使齐国转危为安。"

孟尝君正是以他的宽容和忍让的胸襟，没有因他人一时的过失而斤斤计较，而是善于体谅他人，所以才笼络了人心，最后使齐国转危为安，避免了战乱，两国相安。

人只有具有宽容忍让的胸怀，不因无关痛痒的小事而斤斤计较，且善于体谅他人，才能收获友谊与帮助。以忍让宽容的态度对待他人，他人也会将心比心，回报于你。

宽容是与人交往中必须注意的社交规则，也是让自己拥有好人缘的关键所在。宽容是一种胸怀，更是一种解决问题的良方。在与他人交往的过程中，我们常常会遇到各种各样的挑战，甚至是恶意的攻击。如果我们能够采取宽容的态度，就会更多地赢得别人的好感和尊敬，就能够较好地与周围的人和睦相处，就能为自己树立更好的形象。那么，在社交过程中，怎样表现自己的宽容呢？

第一，胸怀宽广

宽广的胸怀，可以包容更多的人，使人能够与你同甘苦共患难，这样才能增加成功的力量，创造更多的成功机会。反之，对人刻薄，则会使人疏远，减少合作力量，给社交增加阻力。

第二，将心比心

将心比心，就是要推己及人、设身处地，站在对方的角度上为其着想。还可以利用角色互换的方法，假设自己是对方，想想对方有什么感受，这样才能理解他人、体谅他人。

第三，宽容谦让

在与他人的交往中，常会因为个性、要求以及对事物理解的不同，产生价值观念的差异，最终产生矛盾或冲突。在这时，应该尊重他人意见，寻找双方的共同之处，采取谦让的态度，才能融洽相处。

平等是易被感知的尊重

诸多心理学家指出，人人都有受人尊敬的需要。他们希望在别人眼中，都是被一视同仁的。这种需要就是平等需要。可以说，只要是正常人，都希望得到别人的平等对待。心理学原理也不仅一次阐述过，在人际交往中，平等待人是建立良好人际关心的前提。没有平等待人的观念，就不能与人建立起密切人际关系。

1949 年中华人民共和国成立之初的一天晚上，上海市市长陈毅与电影剧本作者讨论一个剧本的修改问题，一直到深夜，最后陈毅说："我这是个人意见，不见得句句都对头。对头的你们就接受，不对头的你们可以提出批评。军令、政令我可以下命令，可是，对待文艺创作，我就不赞成用司令员下命令的办法。个人说了算，硬要下面照办是军阀作风，官僚主义！当然，任何工作都离不开党的领导，文艺创作也一样。但是对艺术的领导，主要是用引导来代替命令，就像打仗时向导带路一样，这样才合适。"

陈毅从来不认为自己什么都懂，总是以商量的态度同大家讨论问题，听取大家的意见。他说："对待艺术要讲究民主。一个人的脑袋就那么大，哪能七十二行样样都在行？不懂就是不懂，老老实实学，不要装懂，打肿脸充胖子的事我们共产党不干。更不能因为我是首长，我说的话就是宪法……"

他深有感触地说："对待艺术更要讲民主，讲方式。你又不写文章，文章是人家一个字一个字写的，人家请你看，是尊重你。你硬要以首长自居，指手画脚，这也不是，那也不是，瞎指挥，能不出乱子，闹笑话？一个作品好比厨师的一盘菜，四川人喜欢吃辣子，山西人喜欢吃醋，你叫厨师这盘菜怎么个整法？你们写文章的，也要有独立自主的精神，不要人云亦云，那样就写不出好文章。”

有一次在杭州，电影剧本《渡江侦查记》送给陈毅审查。他认为剧本写得不错，可是又认为主题意义不大，劝作者重写一个。当他回到上海后，得知剧本的创作已历时一年的情况后，连夜把作者找来，说：“很对不起，收回昨天的意见。花一年时间写的作品，很不容易嘛！不尊重别人的劳动是罪过。我这个司令员还有点官僚主义，没有调查研究就发言，太主观了。不要见怪。我判断你昨天晚上没有睡好觉。肚皮里在打官司，说我这个司令员刀下太不留情，三言两语就把剧本枪决了！”

任何人都渴望被尊重，而想要获得别人的尊重，首先就要去尊重别人，平等待人。心理学家马斯洛说：“平等之餐可以滋润心灵。”只有我们把别人的心灵滋润了，我们才能博得对方在心理上对我们的认同，才能给对方留下良好的印象。

我们经常说，要平等待人，其实就是在心理上把彼此的距离拉平拉近。就是要把对方的人格与自己的人格平等看待。在生活中我们都有这样的感觉：与聪明的人交往会使人理智，与平和的人打交道会使人大度；与有修养的人交流会使人感到平等、没有压力。如果你和有修养的人在一起那是你的福气，当你碰到难处，他会为你着想，帮你解决困难；当你处在尴尬境地，他会为你圆场，不会冷嘲热讽；当你左右为难时，他会为你出主意，想办法。有修养的人会尊重人，平等对待客观事物，没有居高临下、咄咄逼人之气。一个鼓励的手势、一个会意的眼神、一句温暖的话语，都会使人感动不已。平等就是最大限度地体现人的尊严。

平等待人是社交中首先应该遵守的社会规则。有位心理学家说：“没有不可爱的人，没有不可信任的人，没有不可原谅的人，前提是人要学会平等待人。”做到平等待人，我们需要在与人交往中就要对任何人都

一视同仁。人们之间的关系是错综复杂的，不管怎样的复杂，我们一定要懂得互相尊重、平等对待他人的规则，特别是对待低位、职位之间存在差异的情况下，更应该如此。

另外，在生活中不要表现得太高傲。高傲最大的缺点是让人感觉不平等，似乎他高人一等，似乎他比别人优越，这就必然给他人的心理造成伤害。人无论年龄大小、地位高低，都是有自尊心的，人最不能接受的是被人瞧不起，而交往中的高傲态度就犹如说了一句鄙视他人的话，其结果可想而知。

最后，不可表现出与众不同的态势。如果你时时、事事突出自己，摆出一副重要任务"舍我其谁"的姿态，制造出一种与众不同的身份，或者有点成绩就张扬，还时常表现出趾高气扬的样子。如此与人交往，势必会被众人所不容。

调整自己以适应他人

每个人都是独立而自由的个体，是不能凭自己的意志来改变他人的。因此，在不能改变他人的情况下，我们每个人都应该学会调整自己以适应他人，只有这样才能更好地与他人相处。

有一个推销员曾说，如果要推销东西的话，走前门并不是一个聪明的办法，因为有时候屋里的人根本不来开门。所以，聪明人一般是走侧门，当然最好是走后门，因为，敲后门不用等太久，人家也比较容易接近。这样你便可以把要推销的商品好好介绍一番。这位推销员还说，一般人家的前门看来很威严，但你不能把门禁森严以及主人摆架子的样子，

当做是主人的个性。如果花工夫敲开侧门或后门，你就会发现，这些人都是仁慈、友爱、有人性的好人。

所以，我们一定要调整自己，以适应别人。不要希望调整别人，来适应自己。人与人之间，有许多麻烦就是由此而生。如果我们盼望别人来适应自己，这就像我们做了一只鸽笼，希望别人也乖乖地在笼子里待下去。

我们常常可以看到有人两手一摊，说："我们能做到的，已经尽量做了。"好像在某些情形之下，已没有了最恰当的方法，因为长年的迟疑不决，优柔寡断，而且还被偏见、习惯和恐惧所遮掩，也许这一方法不容易找到，可是总有最恰当的方法，只要我们下工夫去寻找。

有一个美国官员到一个英国人家里做客，那个英国人以正式的礼节在大门口迎接他，这是英国人对陌生人的理解，但是那个美国人觉得很不自在。

吃饭的时候，主人送上来一盆英国式的果子蛋糕，这触发了那个美国人的灵感，于是他便称赞这果子蛋糕同他曾吃过的美国饼很接近。他说只要在这种果子蛋糕上面再盖上一层糖蜜就是美国饼了。这样一来，本来显得有点冷冰冰的晚宴，一下子气氛就和谐多了。

心理学家威廉·詹姆斯说过："人与人之间的差别很大，可是保留这一点差别却非常重要。"的确，待人接物之成败，也就在这一点差别上。现在，人与人之间的空间距离已越来越短，因此，人际关系就显得十分重要。假使在这一方面不能取得成功，其他一切都将归于失败。所以，我们必须找到让人最真切的一面，并选择用合适的方法与他人交往。

学会必要的感情投资

　　心理学家认为，人的任何一种活动都与某些感受有关。为了认识一种事物并对其进行改造，都要表示出自己的态度，如高兴或悲伤、满足或不满足、愤怒或恐惧、钦佩或鄙视等。所有这些个人感受，对他们各自的行为都具有十分重要的意义。正如列宁指出的，没有"人的感情"，就从来没有也不可能有人对于真理的追求。

　　感情是联系人际关系不可或缺的纽带，一个不善于投资感情的人，很难拥有良好的人际关系，也很难拥有良好的人缘。感情投资可以与对方融洽相处，它是社交技巧中最有效的一种。

　　在三国中，刘备是人际关系最好的领导人，他和关、张的交往，和赵云的交往，与徐庶、孔明的交往以及后来与李严、黄权、法正等人的交往，强有力地团结了他们，使之结成了蜀国领导集团的核心。刘备本人并没有多少文韬武略，但他以仁义思想为根据，注重感情投资，以至在身边聚集了一大批第一流的人才，终于开创了蜀国的事业。张松原想把西川地图献给曹操，但因曹操没有重视与张松的个人关系，因而张松在言语冲撞曹操后，携图离去；刘备久谋西川，因而在张松身上投入了大量的心血，使这位自恃才高的益州别驾感激不已，交往一二天就向他表示说："明公乃汉室宗亲，仁义充塞乎四海，休道占据州郡，便代正统而居帝位，亦非分外。"这是对一个借州占据、身无立足之人的由衷之言，张松终于向刘备主动送出了西川地图，并表示："明公果有取西川之意，松愿施犬马之劳，以为内因。"足见感情作用之大。张飞在入川途中俘虏了巴郡太守严颜，严颜拒不下跪，张飞咬牙大骂，严颜全无惧色，表示说："但有断头将军，无降将军!"张飞大怒，喝令斩首，严颜厉声相骂。张飞见严颜声音雄壮，面不改色，心中油然产生敬意，于是下阶亲解其缚，取衣服让他穿上，将其扶于屋中央的高座之上，低头便拜，说："适来言语冒渎，幸勿见责。吾素知老将军乃豪杰之士也。"严颜为张飞的恩义所感动，表示投降，并为张飞招降了许多沿途守将。刘备见到严颜后当即感谢说："若非老将军，吾弟安能到此?"并将自己身上的黄金锁子甲脱下相赐。后来，严颜在刘备争夺汉中时，协助黄忠立下了大功。

"人非草木，孰能无情"，对手下人的感情投资，体现了对他们的尊重。可见，善于感情投资的人必能获得他人的衷心拥戴。

"生当陨首，死当结草"、"女为悦己者荣，士为知己者死"，无一不是"感情投资"的结果。成功者大都深知其中的奥妙。不失时机地付出感情投资，对于那些还未成功的人是非常重要的。

日本著名的企业家松下幸之助就是一个注重感情投资的人，他曾说过："最失败的领导，就是那种员工一看见你，就像鱼一样没命游开的领导。"他每次看见辛勤工作的员工，都要亲自上前为其沏上一杯茶，并充满感激地说："太感谢了，你辛苦了，请喝杯茶吧!"正因为在这些小事上，松下幸之助不忘记表达出对员工的爱和关怀，所以他获得了员工们的一致拥戴，员工都心甘情愿地为他效劳。

俗话说："将心比心。"你想要他人怎样对待自己，就应该怎样对待他人，只有先付出真心，才能收到良好的效果。进行感情投资，需要遵循以下原则。

第一，感情投资要深入人心

在进行感情投资时，一定要深入到投资对象的感情身处，深入到其内心。真正了解对方的所需，然后进行深入的投资，这样比表面付钱的投资更能打动人心。

第二，重视大局和关键问题

进行感情投资时，要特别重视大局和关键问题。在大的方面或关键问题上，更要全力而为，帮助对方摆脱困境，对方才能真正地记住你，进而发挥感情投资的长期累加效应。

第三，感情投资也需要厚积薄发

所谓"厚积"是指感情投资的数量要多、时间要长。所谓"薄发"是指感情投资效应的发挥要少、要小。不一定希望对方在很短的时间内便做出巨大的回报。只有厚积而薄发，才能发挥感情投资的作用，把多次的、微小的效应累加起来后，便可以形成势不可挡的强大效应。

感情投资是一种"攻心术"，只要好好用它，就能打动他人，赢得他人的好感，建立起与他人良好的关系模式。感情投资，无疑是最有效的一种社交技巧。

谦虚是牢固友谊的根本

古语有云："满招损，谦受益。"谦虚是缔造人与人之间感情的催化剂。事实证明：只有谦虚的人才能受到他人的欢迎，并赢得他人的友谊。

袁咏梅是一名从业不久的律师，在律师事务所强者如云的环境里，她显得非常不起眼，大案子根本轮不到她，她只是解决一些非常简单的案子。

袁咏梅原本是政法大学的高材生，非常聪明。她没有因为接不到大案子而气馁，而是寻找更多的机会接触大案。闲暇时，她总是给那些还来不及应对的案子作个计划，并写出应对方案。她的聪明之处在于：她

从来不把方案写得非常完美，而总是留下点漏洞，然后去请教他人。

这些人看过袁咏梅的方案后，都愿意指出她故意留下的漏洞，同时，这些人也看到了她在其他方面考虑得都很周全，补上"漏洞"几乎就是完整的方案。于是，其他的律师都开始欣赏她，有个很有名的律师还收她为徒。

以后再做方案的时候，袁咏梅的方案缺陷越来越少，做得越来越好。那位名律师也非常高兴，不久后，就开始带着她办案。半年多后，她已经开始独立接案子了。不过，她依然不时地请教那位名律师，平时也经常虚心向他人请教。两年后，她成了当地小有名气的律师。

谦虚最重要的是求得真理，获取有价值的经验，为你与他人的交往提供借鉴。谦虚者常常给人留下礼貌、有素养、有风度的印象。不懂谦虚只会让人退避三舍，而谦虚得体则能充分展现你的涵养，让对方更愿意与你交往。所以，我们与他人交往时，要培养一种谦虚的态度。与他人交往，怎样做才是谦虚的表现呢？

第一，与人交往，不能一味夸耀自己

在与他人交往时，决不要逢人就说自己如何如何行，而到真正展示自己才能的时候，却推诿不前。这样只会让人觉得你是一个只会夸夸其谈，而没有真正能力的人。

第二，不要过于卖弄自己

夸口、说大话者，常常是外强中干。而他们的目的不过是为了引起他人对自己的关注，以满足自己的虚荣心。胡乱吹嘘会给人以巧言令色、华而不实的感觉。

第三，时刻不忘保持谦虚的态度

保持谦虚的态度，就是在任何时间、任何地点都放下自己的架子，虚心听取别人的意见。如此才能让他人感受到你的谦逊和坦诚，博得他人的好感。其实，一个骄傲自大的人是不会受到他人欢迎的。

亲和力是最强的魅力磁场

所谓"亲和效应",是指一种每个人都有的心理定势,即一个人在一定的时间内所形成的具有一定倾向的心理趋势。如今,某人对另外一人具有友好表示,通常就形容这个人具有亲和力。人们在人际交往和认知过程中往往存在一种倾向,即对于自己较为亲近的对象会更加乐于接近,以至于会把他称为"自己人"。所谓"自己人",大体上是指那些与自己存在着某些共同之处的人。这种共同之处可以是学缘、姻缘、地缘、学缘、业缘关系,可以是志向、兴趣、爱好、利益,也可以是彼此共处同一团体或同一组织。

一个人如果想要让身边的同事、朋友把自己当成"自己人",除了无法改变的血缘关系外,就要懂得与他人的相处之道。主动让别人对自己产生好感,认同并喜欢自己,就需要拿出"亲和力"。只有这样的人才会把周围的人吸引到自己身边来,才会让别人认同自己,把我们当成"自己人"。

秦芸在公司已经工作两年了。两年来,她工作认真勤奋,基本是没出过什么差错。而且,秦芸待人和蔼,看到勤杂工的大妈都很亲切地打招呼,能帮得上忙的都会很热心地去帮忙。

上周,秦芸由于家里有急事,一心惦记家里人的她居然把公司的标书给弄丢了。这是公司的机密,如果被竞争对手拿到,不仅会给公司造成不小的损失,自己的饭碗恐怕也保不住了。

正在着急寻找的时候,秦芸突然接到一个电话。原来,是做勤杂的

大妈在洗手间捡到了她的东西，并及时给她送了过去。问题解决了，秦芸十分感激这位大妈，大妈却说："平时你对我很好，经常帮助我，我觉得你就像我家里人一样，你丢了东西，我比你还着急呢。"

一个人若只是和自己工作有关系的人交流互动，对周围的人视而不见，那么他的交际圈子就会窄很多，更谈不上具有亲和力，也不会赢得大多数人的好感。

在日常与人交往的过程中，我们应学会善待他人，尽量做到亲切温顺，让别人觉得你是个随和可亲的人，这样你就更能融洽地和他人相处。千万不可对周围的人爱答不理，或是瞧不起某位地位比较低的人，那样做只会适得其反。想成为一个具有亲和力的人，应该从以下几个方面着手：

第一，要讲礼貌

主动和周围的人打招呼，以示友好，并时常保持微笑。多用敬语，比如"谢谢"、"请问"、"麻烦你了"、"打扰一下"，这些语言会让人产生亲近你的愿望。

第二，态度真诚

与人打交道时态度要温和，切忌急躁，说话语气要温和，哪怕是有分歧的问题也要用商讨的方式解决。无论是何种场合的交往、谈话，你都要保持良好的心态，以真诚的态度来待人接物，因为只有付出真诚，才能换得真心。

第三，关注对方，注重细节

交往中体贴对方，平时多点嘘寒问暖，会使对方感受到你亲人般的温暖。注意对方的爱好、指出对方穿戴上的变化、记住对方有纪念意义的日子等，这样做，对方会觉得你很在意他、关心他，能引起对方的谈话兴趣，你也会因此而受到对方的热情礼遇。

如果你渴望融入人群，渴望有事与人分享，那么就请运用你的亲和力去"吸引"别人。积极主动地去和别人交流，让别人看到你的甜美、和蔼的一面，让别人和你在一起有如沐春风的感觉，这样，你就会如磁铁一般拥有强大的吸引力。

热情是良好人际关系的第一要素

人际交往中的心理规则告诉我们，在良好印象的形成过程中，"热情"始终是第一个被对方感知到的品质。假设有这样两个人：他们都勤奋、实干，有着坚强的性格，做事果断、坚决又不失严谨。在所有人眼中，他们都是极为聪明的人。但他们之间唯一的区别是，其中一位遇人处世极其热情开朗，而另一位却是冷酷、不苟言笑。那么，你会选择与谁交往？

许多人的答案都是：愿意与那个热情待人的人交往！原因就在于，"热情"是人的重要品质之一，一个充满热情的人很容易把自己的良性情绪传染给别人，也容易被他人接纳。

热情是良好人际关系的第一要素，在任何时候，保持热情总会让你受益匪浅。

1930年，西蒙·史佩拉传教士每日习惯于在乡村的田野之中漫步很长的时间。无论是谁，只要经过他的身边，他就会热情地向他们打招呼问好。其中有个叫米勒的农夫是他每天打招呼的对象之一。米勒的田庄位于小镇的边缘，史佩拉每天经过时都看到他在田里勤奋地工作。然后这位传教士总会向他说："早安，米勒先生。"

当传教士第一次向米勒道早安时，这个农夫只是转过身去，像一块石头般僵硬。在这个小乡镇里，犹太人和当地居民相处得并不太好，成为朋友的更绝无仅有。不过这并没有妨碍或打消史佩拉传教士的勇气和决心。一天又一天地过去，他持续以温暖的笑容和热情的声音向米勒打招呼。终于有一天，农夫向这位传教士举举帽子示意，脸上也第一次露出一丝笑容。

这样的习惯持续了好多年，每天早上，史佩拉都会高声地说："早安，米勒先生。"那位农夫也学会举举帽子，高声地回道："早安，西蒙先生。"

这样的习惯一直延续到纳粹党上台为止。

史佩拉全家与村中所有的犹太人都被集中起来送往集中营。史佩拉被送往一个又一个的集中营，直到他被送往位于奥斯维辛的集中营。

从火车上被放下来以后，他就等在长长的行列之中，等待发落。在行列的尾端，史佩拉远远地就看出来营区的指挥官拿着指挥棒一会儿向左指，一会儿向右指。他知道发派到左边的就是死路一条，发配到右边的则还有生还机会。

他心脏怦怦跳动着，愈靠近那个指挥官，就跳得愈快。很快，就要轮到他了，什么样的判决会轮到他？左边还是右边？

他离那个掌握生死的独裁者还有一段距离，但是他清楚这个指挥官有权力将他送入焚化炉中。这个指挥官到底是个什么样的人？他怎么能在一天中将千百人送入枉死城中？

他的名字被叫到了，突然之间血液冲上他的脸庞，恐惧消失得无影无踪了。那个指挥官转过身来，两人的目光相遇了。

史佩拉静静地朝指挥官说："早安，米勒先生。"米勒的一双眼睛看起来依然冷酷无情，但听到他的招呼时嘴角突然抽动了几秒钟，然后静静地回道："早安，西蒙先生。"接着，他举起指挥棒指了指说："右！"——意思就是他还有生存的机会。

《塔木德》上说："请保持你的热情，不管对上帝，对你的朋友，还是对你的敌人。"热情是人际交往的润滑剂。有时，一句习惯性的真诚问

候甚至可以感化刽子手。

热情总是让人联想到其他优秀的品质，如有爱心，乐于助人，对生活保持乐观态度，容易接近等，而这些品质几乎都是人们在交往中希望见到的品质。但冷酷恰好与此相反，它容易使人联想到自私、自以为是、孤僻、不易接近、缺乏生活乐趣等，而这些品质无一例外地是人际交往中不受欢迎的。

换句话说，"热情"并非一个词，作为良好人际关系的第一要素，它具有中心位置，也具有光环效应，因为它包含了更多有关个人品质的内容，时时刻刻影响着他人对我们的综合判断和评价。

在社交中，热情决定了一个人能否被他人喜爱和接受，而且热情会影响生活的方方面面。那么在社交中，应该用怎样的表现展示自己的热情呢？

第一，保持热忱的态度

在社交中，那些成功人士，必定有着高超的能力和热忱的态度。毫无热忱的人，会在社交中到处碰壁，对社交有着热忱的态度，做任何事都会成功。一个成功的人不能缺少热心。热心是一种自发的力量，是能够让人集中全力投身社交的一种能源。在社交中，有一颗热心，才能将热情进行到底，才能让他人接受你。

第二，给人留下积极而有热情的印象

任何时候都要表现得乐观而上进，平时要多与他人说话，做事要勤快。另外，遇到他人要礼貌地问候，要面露微笑等，这些都是给人留下积极、热情印象的好方法。

认真但不能太较真

与人相处时，我们应该抱着认真的态度，但也不能太较真，认死理。"水至清则无鱼，人至察则无徒"，太认真了，就会对任何人和事都看不惯，连一个朋友都容不下，把自己同社会隔绝开。而真正高明之人，并非时时处处都工于心计，他们看问题能抓住主要环节，对主要环节能全力以赴，精明待之；而对于无关宏旨的次要环节，则又能糊涂为之。

有一次，戴尔·卡耐基去参加一个宴会。坐在他右边的一位先生讲了一段幽默故事，并引用了一句话，意思是"谋事在人，成事在天"。那位健谈的先生提到，他所引用的那句话出自《圣经》。

然而，卡耐基发现他说错了，便认真地纠正了过来。

那位先生立刻反唇相讥："什么？出自莎士比亚？不可能！绝对不可能！"那位先生一时下不来台，不禁有些恼怒。

当时，卡耐基的老朋友法兰克·葛孟坐在他的身边。葛孟研究莎士比亚的著作已有多年。于是，卡耐基就向他求证。

葛孟在桌下踢了卡耐基一脚，然后说："戴尔，你错了，这位先生是对的，这句话出自《圣经》。"

那晚回家的路上，卡耐基对葛孟说："法兰克，你明明知道那句话出自莎士比亚。"

"是的，当然，"葛孟回答，"在《哈姆雷特》第五幕第二场。可是亲爱的戴尔，我们是宴会上的客人，为什么要证明他错了？那样会使他喜欢你吗？他并没有征求你的意见，为什么不给他留脸面？为什么非要

说出实话而得罪他呢？"

面对一些无关紧要的小错误，忽略它并不违反原则，我们没有必要非纠正不可，这样，就不会给别人带来伤心，同时还能体现自己做人的度量。

能真正做到不较真、不较劲的人，大多具有一种优秀的品质，就是能容人所不能容，忍人所不能忍。他们有宽阔的胸怀，豁达而不拘小节，大处着眼而不会目光短浅，从不纠缠于非原则的琐事，所以他们才能身体好、心情好，是一个人人都羡慕的"快乐人"。

晋代人裴遐在东平将军周馥的家里做客。周馥做主人，裴遐和人下围棋。周馥的司马劝酒，裴遐正玩在兴头上，所以递过来的酒没有及时喝。司马很生气，以为轻慢了他，就顺手拖了裴遐一下，结果把裴遐拖倒在地。在旁边的人都吓了一跳，以为这种难堪是难以忍受的。谁知裴遐慢慢爬起来，坐到座位上，举止不变，表情安详，若无其事地继续下棋。王衍后来问裴遐，当时为什么表情没有什么改变，裴遐回答说："仅仅是因为我当时很糊涂。"

顺其自然，装一次糊涂，不丧失原则和人格；或为了公众为了长远，哪怕暂时忍一忍，受点委屈，也值得。有时候，事情逼到了那个份上，就玩一次智慧，表面上给他个"糊涂数学"，让他丈二和尚摸不着头脑，也是"难得糊涂"。

"认真"二字对任何人、任何事来说都非常重要。但是，现实人生确实有很多事不能太较真，太较劲。特别是涉及人际关系，人与人之间的交往太复杂，盘根错节，太认真，不是扯了胳膊，就是动了筋骨，越搞越杂，越搅越乱。

与人交往，难免会遇上不如意的事情，只要是不违背原则，我们大可不必较真，因为没有人不犯错误，也没有完美无缺的人，能包容时则包容，能忍耐处就忍耐，切忌遇事斤斤计较，或寻找别人的缺陷，指责别人。

事实上，与其与人较真，指责别人的不是，不如称赞别人，了解别人，原谅和宽容别人。另外，一件事情是否应该较真，还要具体问题具体分析，面对大是大非的问题要较真，而对于一些无伤大雅的琐碎小事则不必过分计较。唯有如此，我们才能更好地赢得人心。

事实上，真正做到不较真、能容人，也不是简单的事，这需要我们有良好的修养、善解人意的思维方法。同时还需要从对方的角度设身处地考虑和处理问题，多一些体谅和理解，就会多一些宽容，多一些和谐，多一些友谊。

吃亏是一种隐性投资

著名心理学家霍曼斯指出，人们更倾向于建立和保持得大于失的人际关系，而对失大于得的人际关系，则倾向于疏远和逃避，甚至中止这种关系。这种心理使得人们在与人交往时必须让对方觉得与自己的交往是值得的，而要做到这一点，则常常需要我们作出必要的牺牲。虽然自己吃了点亏，但会因此获得别人的好感，赢得好人缘，以后发展的道路也将被拓展。所以说，吃亏并不是真的吃亏，而是一种隐性投资。

岛村方雄开始在一家包装材料厂当店员，后来改行做麻绳生意。为了在激烈的竞争中开拓自己的市场，岛村方雄开始了他独特的"吃亏经营"方式。

岛村方雄以5角钱的价格到麻绳厂大量购进麻绳，然后他一分不赚地按原价卖给附近的工厂。因为他的价格是最低的，所以赢得了许多客源。他就这样完全无利地经营了一年的麻绳，"岛村的绳索确实便宜"

的名声远播，订货单从各地雪片般飞来。

岛村没有一直保持现状，他开始积极作为。于是他拿之前的收据存根去找麻绳厂商洽谈："你们卖给我一条5角钱，我一直是原价卖给别人，没有赚一分钱。这赔本的生意再继续下去，我只有关门倒闭了。我手上的客户最多，如果你们不想失去我这个老客户，应该作出一些表示吧？"

厂房一看他开给客户的收据，知道他没有说谎。这样甘愿不赚钱的生意人，麻绳厂商还是第一次遇到，于是毫不犹豫地一口答应他一条少赚5分钱。

岛村又拿着购货收据到订货客户处说："我之前是按原价卖给你们的，但是这样让我继续为你们服务的话，我便只有破产一条路可走了。"客户听后为他的诚实所感动，甘愿把交货价格提高为5角5分。

如此一来，岛村每条麻绳净赚1毛钱。创业两年后，岛村成为誉满日本的成功生意人。他这种吃亏的营销策略，就是著名的"原价销售术"。

就这样，岛村以这种先赔钱获得客源和厂商后创造利润的经营理念来与别人竞争，生意越做越大，投资领域越来越广，最后他成为了日本东京岛村产业公司的董事长。

"吃亏"会让你赢得别人对你的尊重和信赖，作出自我牺牲，别人才会觉得你大度、重感情，这样你在人际中的地位就会逐渐上升。没有人愿意同一个斤斤计较、爱占便宜的人交往。所以一个人如果凡事都抱着不吃亏的态度，其实是一种目光短浅的行为。

主动吃一点亏，让别人得一点利，从长远来看，你得到的远远比失去的多。如果你能满足人们的这种心理，就一定能获得他们的好感和信赖，这对以后你们之间的交往非常有利。

刘先生是山西一家机电设备公司的经理。一次，一个多年的老客户来买电器配件，他查遍了公司的库存，就是没有这个配件。这位客户非常着急，因为没有这个配件，他所在的企业就会停工，而如果停工，将损失惨重。

看到这位老客户如此着急，刘经理不停地安慰客户，并承诺 24 小时之内帮他把货送到。这位老客户刚走，刘经理便亲自出马打车直奔西安供货方。谁知，西安也没货了。没办法，他只好连夜乘飞机到广东，在那里联系了十几个相关厂家之后，终于找到了这个电器的配件。

拿到电器配件之后，他不顾饥饿与疲劳，马不停蹄地回到山西，交到了客户手里。这次生意对于刘经理来说，不仅没赚钱，还赔了不少。本来几十元的利润，却花去了他 3000 多元的交通费。

但是，刘先生也因为这次小小的损失，而获得了更多。第二天，客户所在的企业就专门送来牌匾，还带上当地媒体来采访刘经理，宣传他为顾客着想的事迹。就这样，刘经理的美誉度大为提升，公司的生意自然越来越红火了。

如果你能够不计较个人得失，多为他人的利益着想，那么你必然赢得对方的信任，同时还有好的口碑。平心静气地对待吃亏，会为你在人际交往中带来更丰富的人脉资源，赢得更多真心帮你的朋友。

需要注意的是，在你吃亏的时候，不要表现出施舍的样子，还要注意不要急于获得回报。当然，只愿付出、不求回报的人是很少的，但是，急于回报的人往往因为其功利心太重而被别人瞧不起，这样，即使你作了牺牲，别人也不会领情。

"吃亏"将带给人们一个美好的人际关系世界，而那些喜欢占便宜的人往往因为不顾自己的形象和名誉而破坏了自己的人际关系。记住，吃亏就是投资。

化解怨恨，善待对手

人际交往中，发生点磕磕碰碰是很正常的。但怨恨别人却是极为不正常的，也是危险的。怨恨是一种心灵毒素，它不但使你的人际关系恶化，还可能导致你自己心智弱化，情绪波动，精神压抑，严重的会使人钻进怨恨的牛角尖，心理与行为反常，丧失理智。为了保持良好的人际关系，你必须要把怨恨清除，善待对方，力求营造一个赢得人心的最佳境界。

有这样一个古希腊的神话故事，故事中的主角是一位叫海格力斯的大力士。一天，他走在路上，看见一个像鼓起的袋子一般的东西，于是，他便踩了那东西一脚。谁知，那东西不但没被力大无比的海格力斯踩破，反而膨胀起来，并翻倍地加大。海格力斯从未遇到过这种情况，他顺手操起一根大木棒使劲砸那怪东西，让他想不到的是，那东西飞快膨胀，在他眼前变成了一座大山。海格力斯奈何不了它，正在气愤中，一位智者走到他的面前，对他说："朋友，你别动它了，忘了它，离它远去吧！它叫怨恨袋，你不惹它，它便会小如当初；你若侵犯它，它就会膨胀起来与你敌对到底。"

怨恨正如海格力斯所遇到的那个袋子，开始时很小，如果你忽略它，矛盾化解，它会自然消失；如果你与它过不去，它会加倍地报复。在人际交往中这种现象比比皆是：两人由于误解、猜疑或嫉妒，闹了矛盾，你若想报复对方，便会加深对方对你的仇恨，于是他会更挖空心思地加害于你；你若再不罢休，他会更恶毒地报复你，直到你死他亡。

心理学家戴尔·卡耐基说："当我们恨我们的仇人时，就等于给了他们制胜的力量。那力量足以妨碍我们的睡眠、我们的胃口、我们的血压、我们的健康和我们的快乐。要是仇人知道他们如何令我们担心，令我们苦恼，令我们一心报复的话，他们一定会高兴地跳起舞来。我们心中的恨意完全不能伤害到他们，却使我们的生活变得像地狱一般。"

一位老师让每个学生从家里带来一个塑料口袋，里边装几个土豆，在每一个土豆上都写上自己最讨厌的人的名字，所以痛恨的人越多，口袋里的土豆也越多。第二天，每个孩子都带了一个塑料袋，里边有装 2 个土豆的，也有装 3 个土豆的，最多的装了 5 个。他告诉学生，无论去什么地方都要带着土豆，吃饭、睡觉，哪怕是上厕所也不能放下。开始时，学生们还很得意，他们时不时地会把土豆"修理"一顿，因为那上面刻着他们"敌人"的名字。但时间一长，土豆开始散发出难闻的臭味，孩子们开始抱怨，特别是那些带着 5 个土豆的孩子，更不愿意随身带着沉重而又散发着臭味的塑料袋了。一周后，游戏结束，孩子们几乎开始欢呼。老师问他们："在这一周里，你们对随身带着的土豆有什么感觉？"孩子们纷纷沮丧地表示：带着土豆袋子行动不方便，还有土豆发出的气味很难闻。

这时，老师把这个游戏的意义告诉他们道："这和你们心里怨恨着自己讨厌的人一样。怨恨的毒气将会侵蚀你的心灵，而你无论到什么地方都带着它。如果你连腐烂土豆的气味都无法忍受一个星期，你又怎么能让怨恨的毒气占据你的一生？假如你想提一袋垃圾给对方，是谁一路上闻着垃圾的臭味？是你！不是吗？"

人际交往中由于一方给予另一方奖（惩）、恩（怨），另一方就产生相应的奖（惩）、恩（怨），这种交换造就的效应即为人际互动效应。这种交换与互动，可以是积极、肯定的，也可以是消极、否定的。从社会学的角度来阐释，就是你对我有帮助，我自然也会帮劲你，这是正面的；负面的就是如果你跟我过不去，我坚决让你不好过。

该效应通常被理解为"以牙还牙"的心态。按照这个思路，我们可以肯定，一件小小的事情，如果我们过于计较，总会演变成很严重的问题，从而对个人的形象以及他人对自己的评价产生严重的负面影响。所以，这种心理效应的负面影响告诉我们，一定要善待对方，这不仅是你心灵品质的高境界，还可以帮助你赢得人心。

赞美他人如同向他人洒香水

在社会交往中，赞美他人如同洒香水，你洒向他人时，自己也会满身香气。善于发现他人身上的闪光点，恰到好处地赞美他人，不仅能很好地鼓舞他人，而且能使人与人之间的关系变得密切起来。

法国著名小说家小仲马承袭了父亲对文学的热爱，可是好长一段时间里都没有作品问世，他心里非常着急。后来，他终于创作了震惊世界文坛的歌剧《茶花女》，在巴黎上演的时候取得了很大的轰动。他无比兴奋，迫不及待地给远在布鲁塞尔的父亲发了一个电报："父亲，我成功了，就像您每一部作品初演那样成功!"父亲收到电报后，自然为儿子高兴，他发给儿子的贺电是这样写的："亲爱的，我最成功的作品就是你!"

赞美最易于沟通人的心灵，在人际交往中，我们必须有赏识别人的眼光。因为好的赞美会令人开心、满足，而且对沟通双方的关系起着很重要的作用，有时还会带来意想不到的收获。

吴志唯是一个家具公司的推销员。有一次，他向一位房地产公司的总裁推销一款新上市的家具。可是谈了几次，都没有什么成果。

这一次，他又被引进总裁的办公室，看见总裁正在批阅公文，总裁

看见有人到来，向吴志唯打了一声招呼，就继续他的工作。

吴志唯向总裁说道："总裁先生，我很羡慕你的办公室，如果我能有这样的办公室，我一定会非常高兴的!"

总裁笑着回答道："谢谢你的赞美，当初刚盖好的时候，我也是非常喜欢它，可是现在，我已经忙得无暇看它了。"

吴志唯走过去手摸壁板，说道："这是东北橡木做的，质量非常好。"

总裁高兴地说："对了，那是从东北运来的橡木。我的好朋友懂得鉴别木料质量，是他为我挑选的。"随后总裁领着吴志唯参观了这间办公室的房间配置、油漆颜色等。

当他们在室内夸奖木工精湛的手艺时，吴志唯走到窗前，非常亲切地说自己公司现有几套新款家具，和这间办公室很相配。

接着两个人又谈了许多生活和商业上的事，吴志唯总是适时地表示赞叹。他们的谈话不止半个小时，吴志唯不仅成功地推销了家具，还与总裁成了好朋友。

赞美是全世界最有震撼力的营养品。恰到好处的赞美是人与人之间沟通的兴奋剂。赞美他人是一种境界、一种风度，可以给人带来欢乐，也可以使自己获得更大的成就。赞美能增进人际关系，我们可从以下几个方面入手。

第一，赞美他人不引人注意的优点

一个在事业上成功的人，你夸奖他有能力、有魄力、有才干，他肯定会不以为然，因为那是太多人称赞过的。然而，如果你赞美他说："你的气质别有一番韵味。"他一定会大为受用。

第二，赞美他人引以自豪的优点

每个人都有自己的优点，适时地赞美他引以自豪的优点，会直接打开对方的心门。这样的赞美话，能真正变成一句鼓励、称赞他人的话，对方听到也会倍感亲切。

第三，赞美的话要坦诚得体

一个人诚挚的心意和认真的态度是赞美他人的首要条件。赞美的话能反映出一个人的心理，如果口是心非，或者言语轻率，非但于交往不利，还可能因此得罪人。

第四，背后的赞美往往更有效

在背后得体地赞扬他人，这是又一种技巧。它在各种各样的赞美方法中，是最令人高兴，也是最有效果的方法。

第五，赞美他人时要用肯定的、鼓励的语言

比如，某人用一周的时间完成了一个难题，有人这样夸奖："真想不到你还能做出这样的成绩！"而另一个人则赞美道："我就知道以你的聪明，完成这个难题肯定是小菜一碟。"同样是赞美的话，两个人采用不同的表达方式，就产生了两种不同的效果。

守信容易给人留下深刻印象

"人之交，信为本"，守信是社交中的一条基本法则。所谓"言必信，行必果"是指一个人说话算数，信守诺言，一诺千金。在社交中，守信、取信于人，才能立于不败之地，并塑造出良好的内心形象。

历史上著名的改革家商鞅为了尽快实施自己的变法主张，不惜设定计谋树立"守信誉"的印象。

公元前 350 年，商鞅准备第二次变法。

商鞅将准备推行的新法与秦孝公商定后，并没有急于公布。他知道，如果得不到人民的信任，法律是难以施行的。为了取信于民，商鞅采用

了这样的办法。

这一天，正是咸阳城赶大集的日子，城区内外人来人往，车水马龙。

时近中午，一队侍卫军士在鸣金开路声的引导下，护卫着一辆马车向城南走来。马车上除了一根三丈多长的木杆外，什么也没装。有些好奇的人便走过来想看个究竟，结果引来了更多的人，人们都弄不清是怎么回事，反而更想把它弄清楚。人越聚越多，跟在马车后面一直来到南城门外。

军士们将木杆从车上抬下，竖立起来。一名带队的官吏高声对众人说：“大良造（官名。战国初期为秦的最高官职，掌握军政大权）有令，谁能将此木搬到北门，赏给黄金 5 两。”

众人议论纷纷。人们相互打探、询问，谁也说不清是怎么回事，因为谁都没听说过这样的事。有个青年人挽了挽袖子想去试试，被身旁一位长者拉住了，说：“别去，天底下哪有这么便宜的事，搬一根木杆给 5 两黄金，咱可不去出这个风头。”有人跟着说：“是啊，我看这事儿弄不好是要掉脑袋的。”

人们就这样看着、议论着，没有人肯上前去试一试。官吏又宣读了一遍商鞅的命令，仍然没有人站出来。

城门楼上，商鞅不动声色地注视着下面发生的这一切。过了一会儿，他转身对身边的侍从吩咐了几句。侍从快步奔下楼去，跑到守在木杆旁的官吏面前，传达商鞅的命令。

官吏听完后，提高了声音向众人喊道：“大良造有令，谁能将此木搬至北门，赏黄金 10 两。”

众人哗然，更加认为这不会是真的。这时，一个中年汉子走出人群对官吏一拱手，说：“既然大良造发令，我就来搬，10 两黄金不敢奢望，赏几个小钱就行。”

中年汉子扛起木杆直向北门走去，围观的人全又跟着他来到北门。中年汉子放下木杆后被官吏带到商鞅面前。

商鞅微笑着对中年汉子说："你是条好汉！"商鞅拿出 10 两黄金，在手上掂了掂，说："拿去！"

消息迅速从咸阳传向四面八方，国人纷纷传诵商鞅言出必行的美名。商鞅见时机成熟，立即推出新法。第二次变法就这样取得了成功。

可见，一个守信的人会不折不扣地履行他的诺言，会一丝不苟地完成自己承诺的事情。只有守信并且视信誉为生命的人，别人才能与他合作。

孔子说："人无信不立。"守信是社交中一个人的品牌，是个人的无形资产，只有守信，才能让自己与他人的交往更为顺利。

摩根先生是一家名叫"伊特纳火灾"的小保险公司的股东。因为这家公司不用马上拿出现金，只需在股东名册上签上名字就可成为股东，这正符合当时摩根先生没有现金却希望获得收益的情况。

当时，有一家在伊特纳火灾保险公司投保的客户发生了火灾。按照规定，如果完全付清赔偿金，保险公司就会破产。股东们一个个惊慌失措，纷纷要求退股。摩根先生却认为信誉比金钱更重要，他四处筹款并卖掉了自己的住房，低价收购了所有要求退股的股份，然后他将赔偿金如数付给了投保的客户。

一时间，伊特纳火灾保险公司声名鹊起，妇孺皆知。虽然已经身无分文的摩根先生成为保险公司的所有者，但保险公司却面临破产。无奈之中他打出广告，凡是再到伊特纳火灾保险公司的客户，保险金一律加倍收取。

出乎意料的是，客户很快蜂拥而至。原来在很多人的心目中，伊特纳火灾保险公司是最讲信誉的保险公司，这一点使它比许多有名的大保险公司更受欢迎。伊特纳火灾保险公司从此崛起。

许多年后，一位名叫摩根的人主宰了美国华尔街金融帝国。而当年的摩根先生，正是他的祖父，是美国亿万富翁摩根家族的创始人。

古人说："一言既出，驷马难追。"讲的就是一个信字。所谓信，首先是"言必信"，即讲话一定要严守信用，不食言，对自己所说的话要承担责任和义务，取信于人。

守信不是一朝一夕就能做到的事情，它需要我们终生都来维护。一个人守信的程度越好，就越容易让人接受，守信能让人在社会上更容易地生存，并给人留下良好的印象。"敦厚之人，始可托大事"，一个人如果不够诚实、不讲信用，很难在他人心中有好印象。

只有守信的人，才会让人信任，才会取得社交的成功。守信是一个人在社交场合行走的通行证，只有守信的人，在社会上才有立足之地。那么在社交中，怎样才能做到守信呢？

第一，说到做到

说到做到，是顺利进行社交的一个重要条件，它充分显示了一个人是否具有守信的品格。在答应帮助别人之前，要考虑自己能否做到。如果不是自己力所能及的事，就不要轻易许诺，否则，会让对方产生抱怨的情绪。

第二，坚决履行承诺

许下诺言就要兑现，即使遇到困难，也要坚决履行，决不能失信于人。失信于人或者言而无信，会导致他人怀疑和难以信任于你，这样会给你带来不利的影响。

第三，千万不要欺骗和说谎

没有一个人能运用欺骗的手段走向成功，即使一时得逞，终究也会被发现。不为利动、没有欺骗，在任何情形之下都能言行一致，这种美誉所取得的价值要比欺骗得来的利益大过千倍。

第四，不要为眼前的利益迷惑

也许眼前的利益可以让你得到一时的满足，但从长远来看，这种眼光就显得非常短浅。事实上，所有成功的人无不以守信立身。一个人要想在社会上立足，一定不要为眼前利益迷惑，要把眼光放远一点，要看到潜在的利益。

退让是一种大智慧

在社交中，有的人喜欢争强好胜，凡事不懂得退让，虽然从表面看他赢了，实际上却输了，因为他的赢是用损害人际关系换来的。但是一些明智的人却懂得退让。因为退让不是怯懦，而是处世的一种大智慧。

"让步"是一个让人看上去有点不舒服的词。但是，我们一定要学会让步，因为让步是做人的需要，也是处世的需要。"让"是一种品质，一种境界，一种精神的成熟。没有人在生活中不与别人发生碰撞。用争斗的方法，你永远无法得到满足，但用让步的方法，你可能收获更多。

然而，生活中很少有人看得起"让步"二字，在他们眼里，"让"是怯懦、胆小无能的，因此，他们更喜欢"让"的对立面——"争"。他们凡事必争：在公交车上争一个座位，在单位里争权夺利。如果不争，他们就感到会失去自尊，更为重要的是，他们以为凡事唯有"争"才能得到，其实不然。

有一天，老赵开着他的黑色蓝鸟到小区的地下车库停车，发现一辆白色的雪铁龙车停在他的车位旁边，而且离他的车位特别近。

"为什么总是挤占我的车位？"老赵生气地想，并且朝白色雪铁龙车的车门狠命地踢了一脚，车门上立即留下了一个清晰的脚印。

一天傍晚，在停车场，当老赵正想关掉发动机时，那辆白色雪铁龙也恰好开了进来，驾车人像以往那样把车紧紧贴靠在老赵的车旁。

老赵一见，很是生气，加上他正患着感冒，头疼得厉害，下班前又被领导狠批了一顿，一肚子气正没地方发泄。于是，老赵怒目圆睁，恶

狠狠地对着雪铁龙车里的人大声喊道："喂，你的眼睛是不是出了问题，有像你这样停车的吗?"

那辆雪铁龙车的主人也不甘示弱，十分生气地说："你和谁说话呢?你以为你是谁? 这地方我交了钱，我想把车停在哪里就停在哪里! 别那么多废话! 对了，上次我车上那个脚印是你踢的吧，以后少干这种缺德事，不然，你的车上会留下更多的脚印，甚至是你的身上!"

听到这些张狂的话，老赵直恨得牙痒痒，心想：我得让你尝尝我的厉害!

第二天，当老赵回家时，白色雪铁龙还未回来。这次，老赵也把车子紧挨着对方的车位停下来，也没给对方留一点余地。

接下来的几天，白色雪铁龙车每天都先于老赵回来，白色雪铁龙的车主暗地里和老赵较着劲，弄着老赵苦不堪言。

"如果长期这样'冷战'下去怎么办?"老赵眉头一皱，便有了一个好主意。

早晨，当白色雪铁龙的主人一坐进车子里，就发现挡风玻璃上放着一封信，信中写道：亲爱的白色雪铁龙，真是非常抱歉! 那天，我家的男主人对你家主人大喊大叫，还曾对你有过不文明的行为，现在他正为自己的粗暴行为深感后悔。其实，我家主人心眼并不坏，只是脾气暴了点，加之那天他正好在公司被领导狠批了一顿，心情很糟糕，因此，给你和你的主人带来伤害，在此，我希望你和你的主人能够原谅他——你的邻居黑色蓝鸟。

隔了一天，当老赵准备打开车门时，也发现自己车子的挡风玻璃上有一封信。老赵连忙拆开信：亲爱的黑色蓝鸟，我家主人这段时间失业了，因此心情郁闷，而且他刚刚学会驾驶我，所以总是没把我停在自己的位置。我家主人很高兴看到你写的信，我相信他也会成为你们的好朋友——你的邻居白色雪铁龙。

从那以后，每当黑色蓝鸟和白色雪铁龙相遇时，他们的主人都会愉快地向对方打招呼。

你若处处争强好胜，免不了处处碰壁。不懂得让步，所带来的恶果，有时是当事者自己都难以预料的。

所以，学会让步，是一种智慧；懂得让步的人，堪称一个智慧之人。

以低姿态出现在他人面前

在与他人交往的过程中，适时放低姿态，实际上也是一种社交智慧。它需要有修养、智谋和胆识，懂得将自己放在低处，仰视他人让他人自我感觉尊贵，让他人更愿意与自己交往。

在中国历史上，能韬光养晦而成大事的人有很多，其中楚庄王是典型的例子之一。

楚庄王即位之前，楚国的内政经历了长期的混乱。继位时，他年龄尚小、不明世事，朝中各种事也不十分清楚，能力也很有限，不知如何处置。况且人心复杂，尤其是朝中若敖氏专权，他更不敢轻举妄动。

于是，楚庄王故意放纵自己，不问国政，只顾纵情享乐。许多正直的大臣前去觐见，他都拒不接见，甚至还下了一道命令：谁敢再来劝谏，杀无赦。3年过去了，国政已经混乱不堪，后来还是大臣伍参，冒死劝谏，了解了楚庄王的心思。

可是，几个月后，楚庄王还是没有任何动静。于是，大夫苏从又冒死劝谏，使得楚庄王认识到了朝中的正直之人。用3年时间，楚庄王默默地考察了大臣们的忠奸贤愚，也测试了人心。当他年龄已长、阅历已丰时，便开始显示自己真实的本领。

楚庄王召集百官，提拔了苏从、伍参等一大批忠臣贤士，颁布了一系列法令，还对恶势力进行了打击。从而，楚庄王这一不鸣则已，一鸣惊人的"大鸟"，开始励精图治，争霸中原。

我们在与人交往的过程中，也可以借鉴楚庄王的这种智慧，收敛锋芒，等待合适的时机再主动出击，争取主动，取得成功。

有一位留美的计算机专业女博士，毕业后想在美国找一份理想的工作，由于她要求太高，结果好多家公司都不录用她，思来想去，她决定收起所有的学位证明，以一种"最低身份"再去求职。

不久她就被一家公司聘为程序录入员。这对她来说简直是小菜一碟，但她仍干得一丝不苟。不久，老板发现她能看出程序中的错误，非一般程序录入员可比。这时，她亮出学士证，老板给她换了个适合大学毕业生的工作。

过了一段时间，老板发现她时常能提出许多独到的有价值的建议，远比一般大学生要高明。这时，她又亮出了硕士证，老板随后又提升了她。

又过了一段时间，老板觉得她还是比别人优秀，就约她详谈，此时她又拿出了博士证。由于老板对她的水平已有了全面的认识，就毫不犹豫地重用了她。

以退为进，由低到高，这是正这位女博士的高明之处。

在与他人交往时，不怕被别人看低，而怕的恰恰是人家把你看高了。被人看低了，你可以寻找机会全面地展现自己的才华，让别人一次又一次地对你"刮目相看"，你的形象会慢慢地高大起来；可被人看高了，刚开始让人觉得你多么的了不起，对你寄予种种厚望，可你随后的表现让人一次又一次地失望，结果是越来越被人看不起。

以低姿态出现在他人面前，更加容易让对方认可、接受；而毫无谦虚、妄自尊大、高看自己的人往往引起他人的反感，这种情况在社交中应该避免。要保持低姿态，可以从下面几个方面做起。

第一，放下孤傲

以低姿态出现只是一种表面现象，是为了让对方从心理上感到一种满足，使对方愿意与你合作。实际上，能放下孤傲的人，是非常聪明的人，当表现出低姿态，让对方陶醉在自我感觉良好的氛围中时，就可以轻易获得对方的好感，取得社交的成功。

第二，敛尽锋芒，放下身价

如果不敛尽锋芒，会让对方觉得你居高临下，不愿意与你共事。很多人都希望得到对方的肯定，都愿意比人高一些，若满足了他人的这一点心理需要，就会有更多的机会。

第三，做弱者才能成为最后的强者

有的人看上去很平凡，甚至还给人一种不中用的弱者感觉，但这样的人往往能成大事。有时候，越是这样的人，越是在心中隐藏着远大的理想，而这种外表的无能，正是其心高气傲、富有忍耐力和成大事讲策略的表现。

第四，把优越感让给他人

把优越感让给他人，这样往往能赢得他人的信赖，与他人建立良好的关系。假如有一点小小的成就，我们应该以轻描淡写的态度来对待它，唯有如此，我们才能永远受到他人的拥戴。

第三章 开口是金的说话技巧

语言就是最好的敲门砖，要养成多开金口的习惯。而掌握说话的技巧，话语就会变得"聪明"、"生动"！说话也是有技巧的，让别人多开口，自己则多听取；听出别人的弦外之音，自己也学会委婉地表达意思；与其横冲直撞得罪人，不如以退为进、委婉进言，博得好感。话语不仅是好用的敲门砖，也是百战百胜的利器，为你的成功助力。

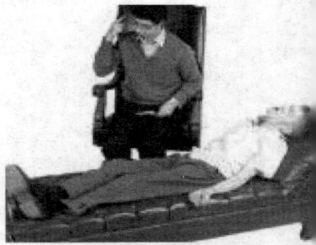

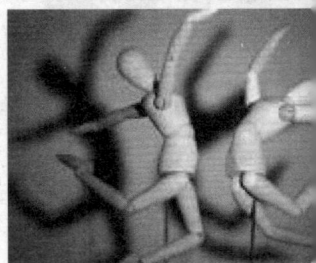

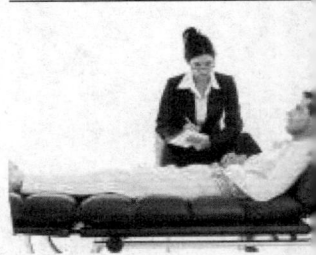

幽默的谈吐能拉近距离

幽默是语言的作料、智慧的火花、高雅的情趣，是卓越语言艺术的重要特征，具有美妙而传神的魅力。许多语言大师都将幽默作为自己语言艺术的目标去追求。现代社会，幽默不仅为文艺领域所追求，而且渗透到社会的各个方面，日益被人们当做一种基本素质来追求。

幽默是社交活动中不可缺少的，是人们在社交场合中所穿的"最漂亮的服饰"，它能使陌生人变成朋友，给你好的人际关系锦上添花，也能使尴尬的场面变得烟消云散、恰如当初。

抗日战争胜利后，著名国画大师张大千要从上海返回四川老家。行前，他的学生糜耕云设宴为大师饯行。这次宴会邀请了梅兰芳等社会名流出席。宴会伊始，张大千先生向梅兰芳敬酒时说："梅先生，你是君子，我是小人，我先敬你一杯。"梅兰芳不解其意，忙含笑问："此作何解？"大千先生笑着答道："你是君子——动口，我是小人——动手。"张大千先生的幽默引得宾客为之大笑。

里根说："在生活中，幽默能促进人体健康；在政治上，幽默能给自己的形象加分。"他就任美国总统后第一次访问加拿大期间，他发表演说不时被举行反美示威的人群所打断，加拿大总理皮埃尔·特鲁多感到难堪，紧皱双眉，而他却满脸笑容地对特鲁多说："这种事情在美国时有发生。我想这些人一定是特地从美国来到贵国的。他们想使我有一种宾至如归的感觉。"这幽默的话把特鲁多说得眉开眼笑。里根决定恢复生产新式的 B-1 轰炸机时，引起了许多美国人的反对。在一次记者招待会上，

面对一帮反对他的这一决定的人说："我怎么不知道 B–1 是一种飞机呢？我只知道 B–1 是人体不可缺少的维生素。我想，我们的武装部队也一定需要这种不可缺少的东西。"他这话既幽默又坚定，反对人就不好再说什么了。

俄国文学家契诃夫说："不懂得开玩笑的人，是没有希望的人。"可见，生活中的每个人都应当学会幽默。生活中那些具有幽默感的人，能轻松自如地处理人际之间的矛盾，会使人感到和谐愉快，相融友好。如果你是个具有幽默感的人，你会更好地获得人缘。

在一次婚宴上，新郎和新娘给来宾敬酒。由于众人的推挤，新娘不小心把啤酒倒在了一位贵宾的头上，而这位贵宾正好刚刚理了一个光头。新娘子十分尴尬，不知如何是好，其他客人也都手足无措，大家以为这位贵宾肯定会发火。

但是，那位贵宾并没有恼怒，而是笑呵呵地对新娘说："新娘子，新婚上的啤酒是不是能够治疗脱发啊？"众人哄堂大笑，新娘也开心地笑了。

幽默，一般分为表情幽默、动作幽默、语言幽默。在社交活动中，不失时机地幽默一下，有时可以解除对方的难堪，也可以使尴尬的局面得以缓和。

在社交中，运用幽默，可以成功地解决自身所面临的困境。幽默，能够化腐朽为神奇，化烦恼为乐趣，可以获得非比寻常的情趣。幽默虽好，但不能乱用，要掌握一定的技巧。

第一，不要随便使用幽默

幽默并不是在什么场合都可以运用的，应在某些特定的场合和条件下发挥。例如：在隆重的会议上，当别人发言时，你突然冒出一两句俏皮话，也许旁听者会被你的幽默逗笑，但发言的那个人肯定认为你不尊重他，对他的发言不感兴趣。

第二，幽默要高雅一些

在生活中，有不少人在开玩笑时往往把握不住分寸，结果弄得大家不欢而散，影响了彼此的感情。因此，幽默要高雅，不可低俗，否则就会影响你与他人的关系。

第三，不需要幽默的场合，无须生搬硬套用幽默

如果当时的条件并不具备，你却要展现幽默，必定很难收到理想的效果，要心里明白此刻到底该不该笑一笑，不分场合的幽默，会让你与他人陷入尴尬的境地。

幽默是一种良好的修养，一种充满魅力的交际技巧。幽默能营造宽松和谐的交谈气氛，能使自己获得轻松洒脱、笑口常开，幽默的话有时还能有效地维护自己的尊严。

幽默是轻松中露出的深刻，是社会关系的调和剂。一个幽默的表现，不但能够化解紧张气氛，也能让你在众人中脱颖而出，受到他人的欢迎。

将意思委婉地包含在话语中

说话是一门艺术，如果总是直来直去，有时候不仅得不到好的交流效果，甚至会让对方产生不必要的误会。说话时，将意思委婉地包含在话语中，这样的"太极拳"招数，对于某些场合很管用。

1952 年，正在苏联访问的美国总统尼克松将去苏联其他城市访问。苏共总书记勃列日涅夫到莫斯科机场送行。正在这时，飞机出现故障，一个引擎怎么也发动不起来。机场地勤人员马上进行紧急检修。尼克松一行只得推迟登机。

勃列日涅夫远远看着，眉头越皱越紧。为了掩饰自己的窘境，他故作轻松地说："总统先生，真对不起，耽误了你的时间！"一面说着，一面指着飞机场上忙碌的人群问："你看，我应该怎样处分他们？"

"不，"尼克松说，"应该提升！要不是他们在起飞前发现故障，飞机一旦升空，那该多么可怕啊！"

尼克松的话里有辛辣的讽刺、涩涩的挖苦、无声的指责，而这些却是以貌似夸奖的话传达出来的，听了这话，除了苦笑，还真是什么也说不出来。假设一下，如果当时尼克松勃然大怒，别人肯定心里会有想法，觉得这个总统怎么这么能摆架子，虽然嘴上说不出什么，但是心里肯定有想法。委婉的说话，既表达了自己的不满，也避免了让自己给别人留下作威作福的印象。

做领导的尚需要委婉说话，做下属的又何尝不是呢？想想有多少人因为直言进谏惹怒了君王，不仅没达到劝解的效果，还让自己白白地送命，真是"一死报君王"了，可是又有什么实际的作用呢？如果能够委婉地进言，便可以在"安全地带"尽到臣子的责任，这就是"曲谏"之法，虽是旁敲侧击，却有"绵里藏针"之妙。

春秋时期，齐景公放荡无度，特喜玩鸟射猎，并派专人烛邹主管禽鸟。一天，鸟全丢了，齐景公恼羞成怒，下令斩了烛邹。晏子闻讯赶到，请求在齐景公面前数尽烛邹的罪状，让他死个明白，也让众人服气。景公应允。晏子便怒目横视烛邹。大声叱道："烛邹！你为君王管鸟却把鸟丢了，这是第一大罪状；你使君王为了几只禽鸟而杀人，这是第二大罪状；使诸侯听说了这件事，责怪大王重鸟轻人，这是第三条罪状。以此三罪，你死有余辜。"说罢，晏子请求景公杀掉烛邹。景公转怒为愧："不杀，不杀。我明白你的指教了。"

显而易见，晏子本意是指责齐景公重鸟轻人、草菅人命的天子作风，劝阻他不要滥杀无辜。但这一劝阻以一种巧妙可人的形式表现出来，救了烛邹，保了自己，刺了景公又不使其难堪，一语多用，实乃高手！

委婉进言最大的难度其实在于"拂人意"，逆着别人的想法做。尤其是当对方正在兴头上，这时候当头泼冷水的效果肯定不好。这就需要进言者巧思量，细琢磨，想出委婉的好办法，让对方听得进反面意见并接受建议。

齐鲁两国都是周朝初期分封的千乘大国，互为邻国，原本世代友好，但到了东周的春秋时期，鲁国逐渐衰弱，齐国逐渐强盛；两国的关系，也变得时好时坏，时而结盟，时而发生战争。

公元前 634 年夏天，齐孝公率战车二百乘，士卒万余人，向齐鲁边境逼近，准备攻打鲁国。

鲁僖公得到齐军要来攻打的消息，不敢派兵迎战，只能派大夫展喜带着酒肉粮帛去慰劳齐军，名为劳军，实际上是叫展喜说服齐孝公退兵。展喜感到很为难，就去请教其兄展禽。展禽就是历史上有名的柳下惠，他头脑敏锐、富有谋略，而且善于辞令。他向弟弟面授机宜："齐孝公之所以要伐鲁国，目的在于效仿桓公能够称霸诸侯，不仅依靠武力征服，更重要的是他一向标榜'尊王'，即以尊重周王室为号召。所以，你如果以周朝先王之命去说服齐孝公，定能成功。"

展喜接受其兄的指教，驱车赶往边境。当他赶到边境时，恰好齐军也正簇拥着齐孝公到达。趁着齐军尚未进入鲁境，展喜迅速出境迎上前去。他向齐孝公施礼后，先命随从把犒劳齐军的物品奉上，然后对齐孝公说："我国国君听说您在百忙中屈尊驾临我国，特地派我前来犒赏您的随行人员。"

齐孝公问道："你们鲁国人是不是害怕了？"展喜回答道："那些没有见识的人的确是害怕了，但是有识之士则不怕。"

齐孝公冷哼一声："不怕？鲁国赤地千里，田里连根青草也没有，老百姓家无隔夜之粮，你们凭什么不怕？"展喜把两手一拱，恭敬从容地答道："我们依仗的是周朝先王的命令。"

齐孝公不明白是什么意思。

展喜继续说道:"从前,周公和姜太公协助武王灭商,后来又共同辅佐成王,功勋卓著。太公被封为齐侯,周公的长子被封为鲁侯。成王慰劳他们,特赐齐鲁两国结盟。盟约中写道:'世世代代、子子孙孙都不要互相侵害。'这个盟约至今还保存在盟府里,由太史掌管着。"听到这里,齐孝公脸上多了一点尴尬的神情。展喜两手又拱了一下表示敬重齐桓公:"后来,齐桓公与诸侯结盟,帮助他们解决彼此的分歧,消除他们之间的裂痕,从而将他们从战争的灾难中拯救出来。齐桓公这样做,表明他正在履行由太公开始,辅佐周王室的固有职责。"

听着听着,齐孝公脸上的肌肉不知不觉已全部放松下来。

"到您,"展喜又拱了一次手,这次是表示向齐孝公致敬,"即位之后,诸侯都满怀希望地说:'他一定能继承桓公的业绩,和各国和睦相处。'我们鲁国人也认为用不着紧张地召集军队来防守东面的边境了。"

展喜悄悄觑了齐孝公一眼,只见他脸上浮现一丝笑意。于是,继续说道:"对于您这次驾临,我们并不认为您是要来攻打我国,大家都说,难道他即位刚刚9年,就会抛弃周朝先王的遗命?就会废弃齐侯固有的职责?如果这样,怎么对得起齐国先君太公和桓公呢?我国的有识之士正是依仗这一点而不感到害怕。"

这时,齐孝公笑容中似乎有些难为情,他沉默了片刻,然后高兴地向展喜说道:"大夫言之有理。"接着,他吩咐左右收下展喜带来的犒劳物品,命令齐军离开齐鲁边境,回师齐国都城临淄。

展喜所说的话,处处在宣扬历代君王的团结互助和对先君的忠诚,句句包含了对齐孝公继往开来,不会背弃先君之命的信赖与愿望。这种不畏强暴、渴求和平团结的凛然正气和世代相承的传统心理,不得不使齐孝公忽然预感到对背弃先君之命,"冒天下之大不韪"的一种恐惧;再加上展喜运用了以柔克刚的语言艺术,使他在权衡利弊得失之后,只好哑然而退了。

虽然现在我们不需要像以前的臣子们一样,战战兢兢,生怕说错了

话得罪了君王被杀了头，就算说错了话也不至于有生命危险，可是说错了话同样会招致别人的厌恶，甚至从此交恶。没有人愿意听到别人的指责。同样的意思，用不同的方式表达出来，效果迥异。何不聪明一些，花些心思，用些技巧，皆大欢喜呢？

旁敲侧击就是不直接交代说服的目的，而通过曲折含蓄的语言，把自己的思想、意见暗示给对方知道。这种语言表达方式既可达到批评的目的，又可避免难堪的场面，所以常被用来作为说服的有效手段。

谨言慢口，逢人只说三分话

上帝只给了我们一个嘴巴，却给了我们两个耳朵，就是为了让我们多听少说。有时候一句话说不好，不仅会招人厌恶，搞不好还带来大祸。有时候话说多了，就露出了自己的马脚或者底线，就很容易被对方抓到把柄，甚至威胁到自己的利益。

所谓"讷为君子，寡为小人"，祸从口出并不是不让人们说话，而是告诫人们讲话一定要谨慎，常言说："言多必失，谨开言，慢开口"；"会说话的想着说，不会说话的抢着说。"开口说话要动脑筋，为什么要说话，讲话对象是谁，应该怎样开口，都有一定的学问。

清代著名诗人、诗评家沈德潜，做过礼部尚书，生前深得乾隆帝恩宠，乾隆帝南巡时喜欢到处题诗，每有所作，常常令沈德潜润色，甚至由他代笔。沈德潜为了炫耀自己，常对诗友说某首御制诗是他改的，某首诗是他代写的。甚至把代乾隆所作的诗收入自己诗集，这样便得罪了皇帝。后来因为沈德潜的《咏黑牡丹诗》中有"奇朱非正色，异种也称王"的句子把他抓了起来，死后剖棺碎尸。

"逢人只说三分话，未可全抛一片心"，这是一句经验之谈。遇什么样的人，说什么样的话，什么话该说，什么话不该说，都要心里有数。也许你以为大丈夫光明磊落，何必只说三分话呢？的确，只说三分话，你一定认为他们是狡猾，是不诚实，其实不然。对方不是可以尽言的人，你说三分，已不为少。

"我菜都买好了！啊？好吧……谢谢，再……"小庄的"再见"还没说完，对方就挂了电话。她呆坐着，电话还拿在手里，发出"嘟、嘟"的声响，在这个已经空荡荡的办公室里，显得格外刺耳。

"有什么不开心的事？"一只手伸过来，帮她挂上了电话，小庄抬头一看，是新来的刘小姐。

"没什么事，"她动了动嘴角，"怎么你还没回家？"

"急什么？也没有什么事等我回家去办！家都不像家了。还不如在办公室里，至少感觉充实些。"

小庄抬起眼角，仔细看了看这位刘小姐，大家都说她不好惹，可是，她身上却透着一种落寞感，一种和自己相似的落寞。看到别人也有的落寞，倒使小庄轻松了些。她甩甩头发，一笑，说："一起出去吃个晚饭吧！我请客！"

没人知道今天是小庄的生日，除了"他"。当然！现在又多了个她——刘小姐。

一直到饭后甜点的时候，她才说出今天是自己的生日。

没想到的是，刘小姐一点也没惊讶，只是淡淡地一笑："我的生日，也常是这样过的。他，总是有事，总是突然打个电话说抱歉，害我对着一桌做好的菜和插好的蜡烛，掉眼泪……唉！有什么办法？跟别人分……"

小庄愣住了。赫然发现，眼前这位刘小姐，俨然是一面镜子，立在自己眼前，从镜中看到的是自己。忍不住的泪水，突然一串串地滚下来。

赶紧拿餐巾纸去擦拭，还是被刘小姐看见，焦急又关心地问："你怎么了？什么事让你这么伤心。难道你也……"小庄的心理防线刹那间崩溃了。多少年来，她不曾对人倾吐的秘密，如同滚下的泪水般，全涌了出来。

说完时已近深夜，刘小姐开车，送她到家门口，这也是小庄从没经历过的，不管多熟的同事，她都不曾把人带回家，这是她和"他"之间的秘密，不能让人知道。但是，今晚，她觉得好轻松，觉得终于遇到一个跟她有着同样痛苦、同样煎熬的人，发觉自己不再孤独。

经过这次倾诉，刘小姐成了小庄最要好的朋友。只是，小庄不明白，为什么其他同事，渐渐对她露出奇怪的眼光。有时候，桌上的电话才响，她感觉得到，几十双眼睛都在偷偷地看她，几十只耳朵都在偷偷地听她说些什么。

终于有一天，王小姐偷偷对她说："你的事，大家都知道了！其实，你不该讲，大家同事六七年，你都没说，为什么刘小姐才来，你就告诉她呢？她又是个大嘴巴，到处吹牛，说她知道你的私事。"

"可是她，她不是也一样吗？"

"她也一样什么？跟你一样爱上有妇之夫？真是天大的笑话！她今年年初才结的婚！"

小庄忍不住地冲到刘小姐面前，低声狠狠地问："你为什么把我的事跟别人说？你明明才结婚，又为什么要骗我？"刘小姐缓缓地偏过头来："哎呀！交个朋友嘛！我看你那么伤心，八成是那回事，编个故事让你舒服点。"然后又是淡淡一笑，"何况，我不编那个故事，你也不会告诉我你的故事啊！"

少说点话，让对方抓不到你的把柄，自然你会安全很多。但许多人并不懂这个道理，当别人说的话自己不同意时，往往不待别人说完，就想插嘴。孔子曰："不得其人而言，谓之失言。"对方倘若不是你交往很深的人，你也畅所欲言，对方的反应是怎样的呢？你说的话是属于你自己

的事，对方愿意听吗？彼此关系浅薄，你与之深谈，显出你没修养；你说的话是属于对方的，你不是他的挚友，又不配与他深谈，忠言逆耳，显出你的冒昧；你说的话是属于国家的，对方的立场如何，你没有明白，对方的主张如何，你也没有明白，你为何高谈阔论。轻言更易招扰呢！所以"话说三分好"，不是不说，而是不必说、不该说！决不是不诚实，决不是狡猾。

夸夸其谈往往招人厌恶，让人产生不信任的感觉，所以在这种情况下，还真的是少说为妙。

一次，报纸上刊登了一家公司招聘员工的信息，有一个人前去应聘。他首先打听到这家公司的总经理一些过去的情形，一见面就对那位经理说："我十分荣幸能在这里工作，我更愿意追随您左右努力工作！因为我知道在十几年前，这个办公室只有一台打字机和一个职员，经过您的艰苦奋斗和努力经营，才能成就今天这样伟大的事业，这是多么令人敬佩的事情啊！"

那位经理本来对应聘的人，大都瞧不上眼，所以应聘的人虽然络绎不绝，结果都败兴而归。可是他这么一说，正中那位经理的下怀，引起了他的很大兴趣，于是就向他讲自己的奋斗历史。

经理一谈起自己的成功史，就兴高采烈、眉飞色舞，那个人只是在旁边洗耳恭听，表示敬佩。谈了半晌，那经理也没有问他的学历、技能，就对坐在旁边的副经理说："我看这位小伙子很不错，我们就定下要他吧。"这个位置，就在他听了经理的成功史后，稳稳地拿到手了！正如俗话所说："兵在精而不在多！"说话也是如此，不在乎说的多少，而在能说得恰如其分。

沉默是金，交往过程中少说点话不仅不会让你吃亏、失去机会，相反，往往会给你带来意想不到的好运。沉默，把展示的舞台留给对方，这样不仅你可以多了解别人，还给别人一个倾诉的机会，让别人对你刮目相看。法国大哲学家洛士佛科说："与人谈话，如果自己说得比对方

好，便会化友为敌；反之，如果让对方说得比自己好，那就可以化敌为友了！"这句话说得很是一针见血！如果对方总是夸自己的长处，并陶醉其中，觉得自己像个伟人，那么你就不妨多谦逊一下，表示卑小无能，这样自然容易获得对方的同情与好感。这时候，沉默就显示了它独特的作用。

自己少开口，让人家说话。切记管好自己的嘴巴，多给对方暴露他底牌的机会。言不在多，在于精辟，在于有效果。与其废话连篇，何不沉默一下，听听别人都在说什么呢？

必要时一定要据理力争

敬人要有个底线，不然别人总会觉得你好欺负。有的时候，很多人，你越是敬他，他越会得寸进尺，以为你怕他，如果你真的与他计较，他也就妥协了。当然，与人争论也要讲究一定尺度，你必须得占"理"。有时候，正是这样彰显骨气的据理力争，才会让对方对你刮目相看，将那些麻烦事顺利地进行下去。适当地显示一点不服输的气概，机会就会随之而来！

日本明治保险公司有个普普通通的推销员，名叫原一平。他身材短小，其貌不扬，25岁报考明治公司，虽被录用，但主考官劈头丢下一句："原一平，你不是干得了这种困难工作的人。"当时的原一平，屏住呼吸，目光注视着主考官，心头却在想："我偏要做给你看看。"他决计要报这一箭之仇，怀着有朝一日出人头地的信念，猛冲猛打地干了3年，创下了一些业绩，总算在公司里站住了脚。

然而，原一平并不因此而满足，他构想了一个大胆而又别具一格的推销计划，他找保险公司的董事长川田万藏，向他要一份介绍日本大企业高管的"推荐函"，大幅度、高层次地推销保险业务。因为川田先生不仅是明治保险公司的董事长，还是三菱银行的总裁、三菱总公司的理事长，是整个三菱财团名副其实的最高首脑。通过他，原一平经手的保险业务不仅可以打入三菱的所有组织，而且还能打入与三菱相关的最具代表性的所有大企业。但原一平不知道保险公司早有规定：凡从三菱来明治工作的高级人员，绝对不介绍保险客户，这理所当然地包括董事长川田万藏。

原一平为突破性的构想而坐立不安，他咬紧牙关，发誓要实现自己的推销计划。他信心十足地推开了公司主管推销业务的常务董事阿部先生的门，请求他代向川田董事长要一份"推荐函"。阿部听完了原一平的计划，默默地瞪着原一平不说话，原一平虽在公司工作了 3 年，但只是在照片上看见过阿部，头一次面对阿部那种逼人的目光，心里开始发毛，渐渐有些招架不住。这是，阿部才缓缓地说出了公司的规定，回绝了原一平的请求。原一平却不打退堂鼓，问道："常务董事，我能不能自己去找董事长，当面提出请求？"阿部的眼睛瞪得更大了，更长时间的沉默之后，只说了五个字："姑且一试吧。"说罢，用挤出的难以言状的笑容，打发原一平出门。

等了几天，在接到约见通知后，原一平兴奋不已地来到三菱财团总部，抬头看见威严的三菱大厦，心头不由紧缩了一下。他好不容易通过传达室被带到了会客厅，却被冷冷地丢在一旁。华贵的摆设，其厚无比的地毯，一坐下就像浮在半空的沙发，难熬的长时间等待，把原一平的兴奋劲耗去大半。他疲乏地倒在沙发里，迷迷糊糊地睡着了。不知过了多长时间，原一平的肩头被戳了几下，他愕然醒来，狼狈不堪地面对着董事长。川田大喝一声："找我什么事？"还未清醒过来的原一平当即被吓得差点说不出话来，想了一会儿才支支吾吾地讲了自己的推销计划，

刚说："我想请您介绍……"就被川田打断了："什么？你以为我会介绍保险这玩意？"

原一平来前曾想到过请求被拒绝，还准备了一套辩驳的话，但万万没有料到川田会轻蔑地把保险业务说成"这玩意"。他被激怒了，大声吼道："你这混账的家伙。"接着又向前跨了一步，川田连忙后退一步，"你刚才说保险这玩意，对不对？公司不是一向教育我们说，'保险是正当事'吗？你还是公司的董事长吗？我这就回公司去，向全体同事传播你说的话。"原一平说完转身就走。

一个无名的小职员竟敢顶撞、痛斥高高在上的董事长，使川田非常气愤，但对小职员话中"等着瞧"的潜台词又不能不认真思索。

原一平走出三菱大厦，心里很平静，他为自己的计划被拒绝又是气恼又是失望，坐在路边胡思乱想了很长时间，当他无可奈何地回到保险公司，向阿部说了事情的经过，刚要提出辞职，电话铃响了，是川田打来的，他告诉阿部刚才原一平对自己恶语相加，他非常生气，但原一平走后他再三深思。川田接着说："保险公司以前的规定确实有偏差，原一平的计划是对的，我们也是保险公司的高级职员，理应为公司贡献一份力量，帮助扩展业务。我们还是参加保险吧。"

放下电话，川田立即召开临时董事会。会上决定，凡三菱的有关企业必须把全部退休金投入明治公司，作为保险金。当晚原一平回到家就收到川田的约见信："今天，你特地来找我，我却白活了那么大岁数，居然没有善待你，实在失礼之至。明天是假日，若不嫌麻烦，愿你能到舍下一趟。"

第二天，川田不仅亲切会见原一平，还为原一平特意定做好西装、衬衫、皮鞋。他说："一个像样的推销员必须有像样的外表。"原一平的顶撞痛斥，赢得了董事长的敬重，他逐步实现了自己的宏伟计划：3 年创下了全日本第一的推销纪录，到 43 岁后连续保持 15 年全国推销冠军，连续 17 年推销额达百万美元。1962 年，他被日本政府授予"四等旭日小

绶章"。获得这种荣誉在日本是少有的，连当时的日本总理大臣福田赳夫也羡慕不止，慨叹道："身为总理大臣的我，只得过'五等旭日小绶章。'"

普普通通、其貌不扬的小职员原一平被激怒，痛斥公司董事长，使他再三深思改变规定，冲破禁区，由此，原一平实现了自己的宏伟计划。

一般来说，谁都不建议你与别人发生冲突。在原一平这个故事中，成功的另一半关键在于这位董事长是个明理之人，否则后果恐怕不容乐观。如果所有的策略都没有用了，你也可以尝试据理力争，只是在此之前最好确定你面前这个人值得你花费时间。遇到正确的人，说了正确的话，做了正确的事，其实，成功就这么简单！

一天，小林去一家公司应聘，可是出师不利，公司需要的是有丰富工作经验的从业人员，他还太年轻，面试时主考官并没有对他表现太多的兴趣。不过小林没有气馁，他一再要求主考官给自己一个笔试的机会，因为这样就可以证明，虽然自己年纪轻，可是专业知识一点都不差。主考官无奈心软下来，答应了他。没想到他的笔试成绩特别好，引起了人事部经理的注意。

复试是由这位经理亲自主持的，因为小林笔试成绩最好，所以经理对他颇有好感。不过，小林坦诚地说自己没有工作过。经理当即表现了一丝遗憾的神情，然后他决定面试到此结束。就在经理准备转身而出的时候，小林从口袋里掏出一块钱双手递给经理说："不管是否录取我，请都给我打个电话。"

经理愣了一下，问道："你怎么知道不录用的人我就不打电话呢？"

"您刚才说有消息就打，那言下之意就是没录用就不打了。但即便是这样，也请告诉我，我什么地方做得不够好，我还有什么地方需要改进。"

经理顿时对这个年轻人产生了浓厚的兴趣，又问："那为什么要给一块钱呢？"

小林说："给没有录用的人打电话不应该由公司来付钱，所有由我来付电话费，请您一定打。"

经理微笑着说："收起来吧，不用了，我现在就可以告诉你，你被录用了。"就这样，小林幸运地用一块钱叩开了机遇的大门。

人生就是这样充满戏剧性，如果你能够找到一个很好的杠杆，并鼓起勇气撬动它，那么新的篇章就开始了。小林在杠杆的一端放上了一块钱，实际是放上了自己的勇气、虚心好学与不屈不挠的品质，正是这些品质撬动了他未来的事业之舟。因为他的坚持，为自己赢得了机会。

只要有一些希望，就不应该放手，据理力争，毫不懈怠，是成功的秘诀，成功只属于那些能坚持、有毅力的人们。

隐约含蓄，巧妙拒绝

交往中难免会有别人对你提出各种各样的请求，尤其是在你位高权重、很"有用"的时候，或者是你朋友遍天下、颇有"及时雨"风范的时候，请你帮忙的人肯定络绎不绝。可是谁都不是活神仙，对于能够帮上忙的事情固然应该为朋友尽力、为朋友两肋插刀，可是有些事情超出了自己的能力范围，或者不方便办，或者根本就是无礼的要求时，你该怎么办？是硬着头皮挺下来、自己吃哑巴亏，还是直接反驳搞得大家不欢而散？谁都不喜欢被拒绝，但有时候我们又必须去拒绝他人，该怎么做呢？这就需要你充分发挥聪明才智，仔细斟酌你的语言，把话说得漂亮些，既达到目的也保全了他人面子。把"NO"说得不像"NO"，这就是艺术。

宋朝吕蒙正曾3次为相，有人送他据说能照200里的古镜，吕蒙正幽默地说："脸面不过像碟子一样大小，哪里用得着照见200里的镜子呢？"又有人送古砚给他："这古砚不需加水，只要一呵气就湿润得可以磨墨写字。"吕蒙正半开玩笑地说："即使一天呵出10担水，也不过值10个钱罢了。"

对别人送的珍品，吕蒙正自然是懂得的，但他故意用些不现实的、不关痛痒的话加以贬低。别人从实处说礼品功能好，他却故意从虚处理解，礼品的某种功能并不好使，而他设想的功能并无存在的必要。但幽默的效果却很好，好像不是自己想拒礼，而是别人送的礼品不恰当。幽默大智若愚，使得对方啼笑皆非，不好再坚持送礼。

有时候对于别人的请求，我们也不能只考虑一时满足一个人的要求和心愿，而应该考虑一下，有多少人跟他们有一样的请求？如果我今天破例答应了这个人，那今后有更多的人提出同样的要求时，我还有没有退路？这时候，否定是必然的，但是要委婉一点，让对方知道自己不能帮助的原因，巧妙地让其自己退却。

某公司有位专家，因事向领导请一星期的假。可领导只给他3天假。领导说："你是个能干的专家，别人需要7天办的事，你3天就能办妥。"专家只好垂头丧气地走出办公室，他若反驳领导的话，无异于承认自己是个笨蛋。这种拒绝法的高妙之处就在于，如果对方不接受你的拒绝，那就是承认自己不行，又有谁愿意承认自己不如别人呢！

得体地拒绝的内涵其实很简单，就是既不让自己为难，也不让对方难堪。那么，给对方留个台阶下，让对方开开心心地收回自己的要求，也是给自己一个台阶避免因为拒绝而得罪人。有一些情况是不敢拒绝、不能拒绝，但又不得不拒绝，那么找个台阶让彼此各退一步，就是很好的办法。

楚灭秦时，刘邦、项羽各领一支兵马向关中进发，并按楚怀王之约，谁先入关，谁为关中王。结果刘邦先进了关，理应立为关中王。可是项羽自恃兵多，不仅自封为王，而且打算将刘邦放到很远的南郑去。项羽的谋士范增知道后，极力反对这一主张，他对项羽说，南郑那地方，内有重山之固，外有峻岭之险，让刘邦到那里去，等于放虎归山。项羽向范增问道："有没有办法杀死刘邦呢？"范增顿生一计："等刘邦上朝时，大王问他，寡人封你到南郑去，你看如何？如果他说愿意去，就证明他想到那个地方养兵练将，日后好与大王争夺天下，于是你就下令将他绑出去杀了。如果他回答不愿意，就证明他不把大王放在眼里，于是也有理由将他杀了。"

项羽听后，欣然同意，待刘邦上得殿来，便问道："寡人封你到南郑去，你愿不愿意？"刘邦听后，知道不妙，略加沉思道："大王，臣食君禄，命悬于君乎。臣如陛下坐骑，鞭之则行，收留则止。臣唯命是听。"项羽听后，无可奈何，只好改口说："南郑你就不要去了。"刘邦道："臣遵旨。"

面对"命悬于君"的难题，足智多谋的刘邦，巧妙借助模糊语言摆脱了项羽、范增所设的圈套。他的答话，既没有回避问题，又绕开了问题的焦点，使人无法抓住把柄。这正是模糊语言所发挥的作用。

有时候幽默一下，装装糊涂，也是一种拒绝的好方法，在嬉笑怒骂、幽默诙谐中表达出本意，那些聪明人自然也就明白你的意思，不会不知趣地强求了。

启功先生是我国著名的书法家，在 20 世纪 70 年代末向他求学、求教的人就已经很多了，以至于先生住的小巷终日不断传来脚步声和敲门声，惹得先生自嘲说："我真成了动物园里供人参观的大熊猫了!"

有一次先生患了重感冒起不了床，又怕有人敲门，就在一张白纸上写了四句："熊猫病了，谢绝参观；如敲门窗，罚款一元。"先生虽然病了，但仍不失幽默。

此事被著名漫画家华君武先生知道后，专门画了一幅漫画，并题云："启功先生，书法大家。人称国宝，都来找他。请出索画，累得躺下。大

门外面，免战高挂。上写四字，熊猫病了。"

这件事后来又被启功先生的挚友黄苗子知道了，为了保护自己的老朋友，遂以"黄公忘"的笔名写了《保护稀有活人歌》，刊登在《人民日报》上，歌的末段是："大熊猫，白鳍豚，稀有动物严护珍。但愿稀有活人亦如此，不动之物不活之人从何保护起，作此长歌献君子。"呼吁人们应该真正关爱老年知识分子的健康。

答应别人的请求总会让人很开心，可是有些时候我们也不得不学会说"No"，以避免因一时的热血最终让自己为难。拒绝别人的时候，总的原则就是要让对方理解你、接受你的拒绝而不产生过分的不满，至于还高高兴兴地接受你的拒绝，那就要看你对语言的运用功力了。说"Yes"让人开心不难，可是说"No"还能让人心服口服，这样的语言大师谁不崇拜呢？

知己知彼，以实攻心

打蛇打七寸，说话、交往也要抓住重心。有的人也许你都认识了一辈子，也没成为铁杆朋友；有的人可能刚刚谋面就跟你一见如故，很顺利地办成很多事情。总结一下这些情况你就会发现，如果你身上的某一点打动了对方，可能就会让你们成为莫逆之交；可是如果你们只会交流一些皮毛，那肯定认识了几十年也还只是泛泛之交。这就要看你是否抓住了对方的"七寸"，以实攻心，拉近距离。

有一位穷秀才想赴京赶考，却苦于没有盘缠，无奈之下他想起当地有一位隐居山间的姓刘的老翰林，希望能从他那获得些资助。但是听人

说这个老翰林生性孤傲，于是在登门拜访之前这个秀才先献上一首诗："翻山渡水之名郡，竹仗草履遏学尊。途见白云如晶海，沾衣晨露浸饿身。"诗的前两句写经过长途跋涉前来贵地拜访学尊，第三句暗指刘氏能摆脱俗事纠缠，在山间过隐居生活，末句则写明了他目前遭受饥饿的现状，也暗示了前来拜访的目的。刘翰林一见信上的诗，对他的才气很是赞赏，不仅热情接待了他，还给了他不少纹银。

这个穷秀才通过展示自己的才华顺利达到了自己的目的。而他之所以成功，就因为他准确把握了自命清高者的心理特点：他们往往有较高的文化素养，但却大多洁身自好，所以不愿与常人交往，却倾心于有才华的人，因此想要获得他的青睐，最好的方法就是在交谈中恰到好处地展现出你的才华与学识，因其爱才便会自开家门。

与机灵的秀才相比，下面的这位面包商是在屡经失败之后终于变聪明的。所幸的是，他们都得偿所愿。

达威尔诺先生原想为纽约一家旅馆供应面包。4年期间每周他都去找旅馆负责人。他甚至在旅馆里租了间房间，住在那里，以便达成交易。不过，到底还是没能谈成。"但后来，"达威尔诺先生说，"我考虑了人的相互关系的本质以后，我决定改变策略，弄清旅馆负责人对什么感兴趣。我了解到，他是美国旅馆服务员协会的成员。他不仅是这一协会的成员，而且还是协会的主席。无论这一协会的代表大会在什么地方召开，即便是跋山涉水、漂洋过海，他也会出席。于是，第二天见到他，我开始谈起这个协会。结果如何？他非常起劲地给我谈了半个小时。我一下子明白了，协会是他爱谈的话题，是他的嗜好。当时，我压根儿没谈面包的事。可没过几天，旅馆的财务管理员给我打电话，请我带样品和价目表去。""我不知道您和他在一起干了些什么，"财务管理员对我说，"但是您可以相信，您现在可以和他达成协议了。"

"想想吧，我想达成这个协议已经有4年了，假如我早了解到这个人对什么感兴趣就和他谈些什么话，早就达成协议了。"

你见过那种不听不问、一见到病人就开药方的医生吗？你和一个陌生人初次见面的时候，不管不顾就滔滔不绝地说话，就相当于不问病人就开药方的医生，效果怎么会好呢？你一定要对对方有所了解，才可以确定自己该怎么做才会最有效。

以实攻心，就要抓住对方最关心的关键点。有时候这个关键点不是兴趣，也不是显而易见的身边事，你就多观察他的家人和周围的人，从周围间接地看看他感兴趣的兴奋点究竟在哪里。

查尔斯在纽约市一家大银行任职，奉命写一篇有关某一公司的机密报告，他知道某一个人拥有他非常需要的资料。于是，查尔斯去见那个人，他是一家大公司的董事长。当查尔斯被迎进董事长的办公室时，一个年轻的妇人从门边探进头来，告诉董事长，她这两天没有什么邮票可给他。

"我现在为我那12岁的儿子搜集邮票。"董事长对查尔斯解释。

查尔斯先生说明他的来意，开始提出问题。董事长的说法含糊、概括，他不想把心里的话说出来，无论怎样好言相劝都没有效果。这次见面的时间很短，没有实际效果。

"坦白说，我当时不知道该怎么办，"查尔斯说，"接着我想起他的秘书对他说的话——邮票，12岁的儿子，我想起我们银行的国外部门搜集邮票的事，从来自世界各地的邮件上取下来的邮票。

"第二天早上，我再去找他，传话进去，我有一些邮票要送给他的孩子。我是否很热诚地被带进去了呢？是的。他满脸带着笑意，客气得很。'我的乔治将会喜欢这些。'他不停地说，一面抚弄那些邮票。我们花了一个小时谈论邮票，瞧瞧他儿子的照片。然后他又花了一个多小时，把我所想知道的资料全都告诉我，我甚至都没提议他这么做，他把他所知道的全都告诉了我，然后叫他的下属进来，问他们一些问题。他还打电话给他的一些同行，把一些事实、数字、报告和信件，全都告诉了我。"

查尔斯就是抓住了董事长心疼儿子这个"七寸"，以巧妙的方式打动了对方的心，从而获得了生意上的成功。

如果你能事先探听到对方的消息自然好，如果不能也没关系，你照样可以临时了解他，并根据得到的信息作出反应。当然，这需要你处处留心。

一次，一名推销员去一位大学教授家里推销保险。这位教授是一位很有威望的动物学专家。他对自己以前的保险代理人不满意，认为他们没有向自己提供较为完善的保险计划。

见面后，他细致地介绍了自己目前的保险安排和为了适应环境变化所作的调整计划，并问了很多技术性问题。他问这些问题的目的好像并非是想知道答案，他的目的更像是在考查推销员的知识。推销员屡次想要把谈话引入正题，但这位客户根本不给他这个机会。

推销员觉得自己是在浪费时间，毕竟他不是专程前来听这位先生讲课，况且他的"课程"并没有拉近彼此的距离。于是他准备告退。

这时候，这位教授接了一个电话，内容是关于他的课程。大概可以听得出来，他下学期要开一门关于考拉熊的课程。在电话结束后，推销员便和他谈起了这种澳洲的小动物。

"你知道考拉熊？"教授的表情让他感到他们之间的距离一下子拉近了。

"这确实是一种很可爱的小动物，以前我看过有关的报道。"推销员实事求是地回答。

这位客户的态度彻底改变了，他不再提问，而是对推销员的提问给予详细的回答。

于是，那天除了从教授那里知道了许多有关考拉熊的专业知识外，他还收获了一张订单。

以实攻心如果能够建立在对对方的了解之上，那就更轻而易举、易如反掌了。

有一对夫妻，丈夫趁妻子周末回娘家之际，邀请了自己的哥们儿在

家吃喝玩乐，把家里弄得一片狼藉，哥几个全都醉倒在床上。妻子回来后，见此状立即拿出主妇的威风，大喊："都给我起来！"自然，丈夫的哥们儿前脚一走，后脚便是夫妻之间的内战爆发。两人针锋相对，寸土不让，争吵得十分激烈。丈夫怒不可遏，高高地举起一巴掌，正欲打下去，那妻子却突然狂笑道："好，好，没想到你还真进入角色了……你打吧，这一巴掌打下去，你会后悔一辈子的！"说也奇怪，此言一出，丈夫那高举起的手掌便戛然而止，一场冲天怒气也化为乌有了。

妻子很明显知道丈夫不会打自己，故意激他一句，正好点中了他心理的穴道，一句话的效果比一百句劝解的效果都好，一下子停止了争吵。

总之，人们总是愿意认同那些与自己有着相似或者共同的爱好、兴趣、经历的人，也会不自觉地认同那些关注自己、关心自己所在乎的事情的人。如果你能够抓住他们的"七寸"，就可以轻而易举地打动对方的心。

投其所好，把话说到对方心窝里

和人交谈要知道对方心里最敏感、最脆弱的那根弦，那根弦往往就是他最引以为自豪的事情。所以如果你想赢得别人的好感，就必须抓住这种心理，投其所好地说话。所谓投其所好，就是跟他谈论他最感兴趣的、最珍爱的事物，调动你的知识、才能的优势，向别人发起心理攻势，直到让对方"就范"。

心理学研究表明：我们的行动在很大程度上是受情感引导和支配的。愉悦、兴奋这些积极、正面的情感，往往让当事人容易产生理解、接纳、合作的行为效果；而讨厌、气愤等消极、负面的情感，则会带来排斥和拒绝。所以，如果你想说服别人，让人们相信你是对的，并按照你的目标行事，那就首先需要人们对你或者对你所要谈的事物产生正面的积极的情感反应，否则，你的所有努力都极有可能付诸东流。

有一次，一个年轻人去拜访著名的书法大师，想要求一幅字给自己的奶奶做生日礼物。他本没认为这是一件多么重要的事情，以为既然已经让朋友约好了大师，自己只要过去现场跟大师说说写什么就得了，就跟去超市取个东西一样随便，于是早上起床后就匆匆出发了，连衣服都没仔细选一下。

到了大师家里，一见面，年轻人就冒失地说自己是来取字的，是某某介绍来的。大师一看年轻人慌慌张张的样子就心生不喜，再一看他穿的带洞的新潮牛仔裤更是"不堪入眼"，再加上这小子说话还挺冲，一点儿都没有在大师面前表现出谦虚、礼貌的样子，于是气呼呼地说："谁介绍你来的啊？我怎么不知道？谁介绍你来的你找谁要去！"说罢就转身回书房，把年轻人晾在了一边。

年轻人丈二和尚摸不着头脑，于是找到了引见自己的朋友，颇为生气地描述了自己的遭遇。朋友听了他的话，再一看他的样子，一脸无奈地说："老兄啊，你也不想想，哪个名声在外的老人家不喜欢别人毕恭毕敬地尊敬他啊！你一副不在乎的样子，他老人家能喜欢你吗？再说了，我以为衣着外貌是常识呢，就没提醒你，去见大师这么讲究、这么有品味的人，谁让你穿成街头二流子的样子去呀？你上班那些西装呢？就不能打扮得认真一点过去啊？"

年轻人一听顿时哑然，谁让自己就这么一个粗心大意的性子呢？也没事先打听一下大师的喜好，正好撞到枪口上了，白白浪费一个好机会。

每个人其实都对陌生人保持着一定的戒心，这时候如果你简单直接想要对方答应你什么事情，难度肯定十分高，搞不好还要吃闭门羹。

每个人都喜欢谈论自己感兴趣和熟悉的话题，投其所好就是与人交谈的万能钥匙。与志趣相投的人谈话会感到其乐无穷，因此，碰到陌生

人不妨就从谈论对方的志趣和爱好开始，这样不仅会引起对方极大的兴趣，避免吃闭门羹，更容易拉近彼此的距离，让对方将你划入他的朋友范围内，至少不是陌生人的范围内，然后再进一步展开深入的交流。

美国一家专门制造高级椅子的公司的董事长詹姆斯·阿特牟逊，得知建筑商伊斯曼决定建一所音乐学院和一座剧场，他非常希望能得到这两栋大建筑的坐椅订单，但他也知道单凭竞标，他不一定有把握战胜对手，便决定前去拜访建筑商，希望能直接获得他的认同。

当阿特牟逊准备去拜访伊斯曼时，一位朋友好意地提醒他："如果你想争取到那笔订单，我劝你最好只和伊斯曼会面 5 分钟。超过这个时间，恐怕就没希望了。伊斯曼是个一板一眼的人，整天忙碌不堪，所以你和他说话，别忘了简明、扼要四个字。"

阿特牟逊道了谢，并准备按照他的话去做。

当阿特牟逊走进伊斯曼的办公室时，他正在翻阅一大堆公文。过了好一会儿，才抬起头来，摘下了眼镜，走到阿特牟逊的面前。

"先生，请问你找我有什么事？我的时间安排得很紧，你只有 5 分钟可以说明你的来意。"伊斯曼面无表情地说。

阿特牟逊没有直奔主题，而是说道："喔！您这房间的装饰和摆设，格调真高雅，在这种环境中办公，工作效率一定很高。我从事室内装饰的行业这么久，从没见过这样舒适的办公室。"

"是吗？你这么一说，我又想起当初装潢的事了。真的很不错吧！大厦刚落成时，我也有这种感觉。但最近工作太忙，我几乎都忘了这个优点了。"乔治·伊斯曼愉快地答道。

阿特牟逊走到木质墙壁前，用手摸了一下，说："这是英国橙木制的，和意大利橙木在纹图上有些不同。你真是一个行家，要知道很少有人知道意大利橙木比英国橙木的质量要差一点。"

"是啊！这是从英国进口的。我特意亲自挑选的。"伊斯曼有几分得意地说。

然后，伊斯曼把办公室的布局、色调、手工艺的装饰和他自己的构想，一一说给阿特牟逊听。两人边聊边在办公室里来回走着，最后在窗前停住脚步。伊斯曼用平稳的语调说出自己为谋社会福利，以个人财力建造的各项公共设施，如：广场大厦、综合医院、疗养院、友爱之家、儿童医院等。阿特牟逊对他的博爱精神，和他所作的各种努力，表示由衷地敬佩。

伊斯曼又打开一只小箱子，里面装的是他从英国人手中买来的照相机，也是他研究照相机的第一个实验品。阿特牟逊问他经营之初的困苦情况，伊斯曼再追述起穷苦的少年时代，寡母靠收房租过活，他自己则在日薪 5 毛的一家公司做事。那时，他只想如何摆脱贫困，让母亲不再辛勤工作。阿特牟逊又问他作底片实验时的情形，伊斯曼神采飞扬地告诉他，那时他每天从早到晚不停地工作，只在等待药品产生变化的短暂时间内，稍微休息，有时连续 72 个小时不睡觉。

"前些日子，我去日本考察业务，买了一把椅子回来放在阳台上，经太阳一晒，油漆纷纷剥落，我自己就买了一罐油漆，亲自重新漆上，你要不要见见我的油漆技术？我们先一起用餐，然后再去看。"

饭后，伊斯曼果然带阿特牟逊回家去看那张椅子。那是一把价值 1.5 美元的普通椅子，和他亿万富翁的身份毫不相配，但阿特牟逊对伊斯曼的油漆技术夸奖不已。

看完椅子之后，阿特牟逊捎带说了一下自己的来意，伊斯曼没有丝毫的犹豫，他立即在阿特牟逊带来的订单上签了字，并让财务部门提前给了一笔订金。

其实说到底，"见什么人说什么话"，就是让你站在对方的角度上想想，别让话题总围着你一个人的成功转，想一想别人最关心什么，最希望听到什么样的建议，然后由此展开话题，还愁交往不顺利吗？

当然，这里说投其所好，不是让你没有原则地谄媚、讨好，那样不仅容易惹人厌烦，还会损失你自己的人格。地位、身份、财富可能有差

异，但交往都是平等的。投其所好是出于尊重对方的原则，也必须维护住"尊重自己"的底线，这样才能把握好度，使得交往轻松而又愉快。

投其所好也不是让人信口开河、瞎说胡扯，要是自己没有点真水平，或者根本不了解就胡编乱造，拍马屁拍到了马腿上，不仅达不到"套近乎"的效果，反而还会引起别人的反感。如果你根本就不了解别人某项爱好，譬如网球、高尔夫等，还冒充对此十分感兴趣，那谈话之中难免会露出马脚，不仅会聊得不开心，还会让对方怀疑你故意造假，人品有问题，谈话自然不欢而散，哪还能办成事情呢？所以，投其所好不是胡编乱造，先要自己有水平才行，这样才能让人有一见如故、相见恨晚的感觉，自然就会倾心交往。

巧设迷局，给自己增加神秘感

俗话说"知己知彼，百战不殆"，这也是我们生活和工作中常用的策略。但是反过来想，如果对方完全了解你，那你就一点安全感都没有了，就会被对方牵着鼻子走。所以，适当的时候要给自己增加一点神秘感，故意设下迷局，让对方猜不透你，摸不清你的虚实，这样才能保证你的利益不受威胁。

"巧设迷局，请君入瓮"这个技巧的最大好处是，即使你处于博弈的劣势，你都可以通过改变这个技巧改变局面，从而实现博弈的胜利。我们来看一个聪明的推销员的故事。

阿里森是一家电器公司的推销员。一次，他到一家公司去推销电机。

这家公司前不久刚从阿里森手中买过电机，由于使用不当，电机的

温度超过了正常的发热指标，所以，这家公司的总工程师一看到他就不客气地说："阿里森，你不想让我多买你的电机吗？"阿里森在仔细地了解了情况之后，发现总工程师的说法是不正确的，但他没有强行辩解，而是决定以理服人，让客户自己改变态度。于是他微笑着对这位总工程师说："好吧，斯宾塞先生，我的意见和你的一样，如果那电机发热过高，别说再买，就是已买的也要退货，是吗？"

"是的！"总工程师作了肯定的回答。

"当然，电机是会发热的。但是，你当然不希望它的温度超过了全国电工协会规定的标准，是吗？"对方又一次地作出了肯定的回答。

在得到了两个肯定回答之后，阿里森开始讨论实质性的问题了。他问斯宾塞："按标准，电机的温度可比室温高 72 伏，是吗？""是的。"斯宾塞说，"但是你们的电机却比这个指标高出许多，简直让人无法用手摸。难道这不是事实吗？"阿里森没有回答这个问题，而是反问道："贵公司车间的温度是多少？"斯宾塞想了一下，说："大约是 75 伏。"阿里森听了，点点头，恍然大悟地说："这就对了，车间的温度是 75伏，加上应有的 72 伏，一共是 140 伏左右。请问，要是你把手放进 140伏的热水里，会不会把手烫伤呢？"对方不情愿地点点头，阿里森趁热打铁地说："那么，你以后就不要用手去摸电机了。放心，那热度是正常的。"

就这样，阿里森提出了一系列的问题，使对方在一连串的"是"的回答中，不知不觉地否定了自己原来的观点，消除了疑虑。最后，阿里森在谈话中占了上风，而且还顺带做成了一笔生意。

从这个故事中我们不难看出，谈话者谋略的出发点在于巧布迷阵，借以给对手指示某种虚假的动向或暗示的信息，使之具有一定的诱惑力，其目的就在于搜索到对方更多有价值的信息，从而掌握说话的主动权，达到"请君入瓮"的目的。

其实，生活中或者平时的工作中，这种针尖对麦芒，需要你十分动

脑的场合并不多。最需要动脑筋思考每一句话，步步为营占据主动权的场合其实是谈判。在商务谈判中，谈判者常常运用虚实结合、巧布迷阵的策略，放置各种烟雾弹，干扰对方的视线，将对方引入迷阵，从而掌握谈判的主动权，改变对手的谈判态度，取得谈判的胜利。

已经六十出头的魏德曼先生，在商界仍然非常活跃。他打算从日本引入一套生产线，双方在斯图加特开始谈判。在进行了 8 天的技术交流后，谈判进入了实质性阶段。日方代表发言：

"我们经销的生产线，由日本最守信誉的 3 家公司生产，具备当今先进水平，全套设备的总报价是 330 万美元。"日方代表报完价后，漠然一笑，摆出了一副不容置疑的神气。

"据我们掌握的情报，你们的设备性能与贵国某某会社提供的没有任何差异，而我的朋友史璜先生从该会社购买的设备，比贵方开价便宜 50%。因此，我提请贵方重新出示价格。"魏德曼先生缓缓站起身，掷地有声地说。

日方代表听了魏德曼的发言，面面相觑，就这样首次谈判宣告结束了。

离开谈判桌后，日方在一夜之间把各类设备的开价列了一个详细的清单，第二天报出的总价急剧跌到 230 万美元。双方经过激烈的争论，总价又压到了 180 万美元。至此，日方表示价格无法再压。在随后长达 10 天的谈判中，双方共计谈崩了 30 次，由于双方互不妥协，导致拉锯战没有任何结果。

"是不是到了该签约的时候了？"魏德曼先生苦苦思索着，回想整个谈判过程，前一段时间基本上是日方漫天要价，自己就地还价，处于较被动的状态，如果对方认为自己是抱着"过了这个村就没有这个店"的心态与他们进行压价谈判，要想让他们让步则难如登天。经过一番冥思苦想后，魏德曼先生计上心来，利用虚虚实实的手段假装和另一家公司作了洽谈联系。这一小小的动作立即被日商发现，总价当即降到 170 万美元。

单从报价来看，可以说这个价格相当不错了，但魏德曼先生了解到当时正有几家外商同时在斯图加特竞销自己的生产线。魏德曼认为，如果自己把握住这个有利的时机，很可能会迫使对方作出进一步的让价。

双方在谈判桌上的角逐呈现白热化状态。日方代表震怒了："魏德曼先生，我们几次请示东京，并多次压价，从 330 万美元降至 170 万美元，比原价降了 48.5%，可以说做到了仁至义尽，而如今你还不签字，你也太无诚意了吧？"说完后，气呼呼地把文件夹甩在桌子上。

"先生，我想提醒你的是，你们的价格，还有先生的态度，我都是不能接受的！"魏德曼先生说完后，同样气呼呼地把文件夹甩在桌上。由于魏德曼故意没有夹好文件夹里的文件，经这么一甩，文件夹里西方某公司的设备资料撒了一桌子。

日方代表看到桌上的资料大吃一惊，急忙拉住魏德曼先生的手满脸赔笑说："魏德曼先生，我的权限只能到此为止，请容我请示之后，再商量商量。"

"请你转告贵会长，这样的价格，我们不感兴趣。"说完后，魏德曼转身便走。

最后，日方经过再次请示，双方以 160 万美元成交。

魏德曼在此次谈判博弈中获得成功的奥秘，就在于他利用了虚虚实实的诡诈谋略，巧把日本代表引入自己设置的迷宫，使其慌了手脚，最终疑惑动摇，败下阵来。

谈话总是有说有回，谈判也是互不相让，只要是交流，总会有一个人掌握着主动权。如果你熟悉了巧设迷局的做法，不仅不会让自己被对方充分了解并利用，还可以让对方顺着自己的话说，达到最终目的。

以退为进才能达到说服目的

为了达到目的我们都会一往无前，可是就像走路一样，如果我们总是向前走，不肯走弯路，或者不肯后退一下暂避风头，一味地横冲直撞可能也没什么好结果。说话也是如此，谁都想通过谈话达到一定的目的，可是你要知晓，并不是咄咄逼人、言语犀利、步步紧逼就能达到想要的结果。有时候为了说服别人，我们必须以退为进，适当来点小策略。

第二次世界大战期间，有几名日本战俘和几名德国战俘，被关在苏联西伯利亚的某个集中营。集中营的日本军官，每天都可获得15克的砂糖，但是后来不知什么原因，这种供应停止了四五天。日本军官们都非常生气，他们决定要对这种待遇进行抗议。

于是，这群义愤填膺的日本军官，一见到苏联的财务官来了，就大声责问："喂！你们！为什么不再分配给我们砂糖了？"他们态度强硬，语气咄咄逼人。

"很简单，因为仓库里已经没有砂糖可分配给你们了。"财务官爱理不理地说。

"哼！这叫什么啊？按照国际俘虏法的规定，我们每天有权得到定量的砂糖，你们这么做是违法的，这是虐待俘虏的行为呀！"

"哦……国际俘虏法？我也听说过，但砂糖并不是国际俘虏法买来的啊，上级没配给下来，我们怎么分配给你们呢？"

财务官说完，忽然注意到房里挂的一幅画，便问："这是什么？"

"这是我们神圣日本的象征。"

"象征?"财务官摇摇头说,"你们日本很神圣?"

这个反问可把这群日本军官激怒了,他们大声叫着:"天地、正义……"

财务官扬长而去。不久,他来到德国军官的集中营,一抬头就见到房间正面悬挂着斯大林的画像。他微笑着说道:"嗯!好!好!"

一些德国战俘毕恭毕敬地给财务官泡了杯茶,并画龙点睛地说了一句:"不成敬意、不成敬意,如果茶里再放些砂糖就好喝了。"

财务官喝了几口茶便走了。

第二天,德国战俘营里便配给了砂糖,而日本战俘仍然没有配给。

日本人一味用强,这种不聪明的方式,只会使对方恼怒,当然得不到好处;而德国俘虏却用了看似软弱、讨好的语气,以"以退为进"的办法,看似软弱,实则刚强,最后,得到了他们想得到的东西。

话有时候也不是越说越明,就像这种针尖对麦芒的场合,最重要的就是让对方对自己产生好感,而不是寻一些理由来强迫他屈服,如果一味地坚持自己的立场、维护自己的尊严,这样做的结果,只会适得其反。

某山区在修路时,放炮炸石砸断了一家农户的梨树。这棵梨树是这家农户的财源,主人揪住村支书要他赔。

负责的村支书说,秋后一定赔偿,但主人不肯,主人的兄弟一拥而上,把支书好一顿打。村里的党员和群众都火了,要求狠狠整治打人者。第二天开村民会,闹事的人也觉得理屈。

不料,村支书开口竟作检讨:"老少爷们,我还年轻,得大家帮扶。哪个活我安排错了,哪句话我说得不对,大家担待,我作检讨。"对被打的事竟一字不提。

后来闹事的人找到支书,当面认了错:"你是为全村,我是为自家,我错了!今后你咋说,我咋干,听你的。"

村支书是很懂得交谈之道的。为了开辟富裕之路,他忍下了个人委屈。但是,他的忍让和退缩,不是懦弱,而是一种坚强;同时也是一种

方法，一种有效的以退为进的方法。

在说服过程中，采取以退为进的方法，有时也可以先假定对方的论点是对的，将计就计，顺着对方的前提进行推理，最后，得出荒谬的结论，以此证明对方的错误。

我们再来看下面两个例子：

一天歌德和他的一个对手在一条狭窄的小路上相遇。对方说："本人有个习惯，从来不给蠢猪让路。"歌德说："我则恰恰相反。"说着，主动给对方让了路。

萧伯纳与一个大腹便便的资本家坐在一起，对方用挑衅的口气说："萧伯纳，看看你消瘦的身体，让别人知道大英帝国遭了饥荒。"萧伯纳说："是啊，那么你们就是饥荒的原因。"

上面例子中的歌德和萧伯纳面对对方的侮辱，并没有直接反击，而是首先肯定了对方的逻辑，然后，再顺着对方的话语来反驳，让对方张口结舌。可见，以退为进的说服好处多多，成功率高。

有时候，退一步不仅是在语言上先缓一下，也需要先把自己的锋芒收敛回来，将自己的闪光点先遮挡一下，避免让对方产生厌恶情绪，让对方更容易接受你。

彼得是矿冶专业的高才生，他从美国耶鲁大学毕业之后，又进德国的佛莱堡大学深造，并且拿到了硕士学位。然而，虽然他有着这样的文凭，可当他来到美国西部的一个大矿找工作时，却发现并不像他想象中的那么顺利。

按照预约的时间，彼得走进大矿主的办公室，准备面试。他先把自己的文凭递上，心想对方看了之后一定会感到满意。可大矿主对此一点也没有兴趣，断然拒绝了他的求职要求。

"先生，正因为您有硕士学位，所以我就不能聘用您，"大矿主毫不客气地说，"我知道，你们学了系统的理论，可那些东西并没有什么实用价值，我可用不着这种温文尔雅的工程师。"

原来，这位大矿主并不是什么有学历的人，他是工人出身，一步一步地从基层提拔上来的，后来成为大矿的"掌门人"。此人生性耿直，脾气还很倔犟。由于他自己没有上过大学，所以他不喜欢有学历的人。尤其对那些张口能讲出一大套理论的工程师，更是没有一点的好感。面对应聘时出现的这种尴尬和无奈，聪明的彼得脑子一转，很快想出了对策。

他微笑着说："大矿主先生，我想向您透露一个秘密，可您得事先答应我一个条件——不告诉我父亲。"大矿主对此颇感兴趣，表示决不泄密。

"说真的，我在德国佛莱堡大学的 3 年时间一直是在混日子，什么东西也没有学到。"他小声地告诉对方。一听完这话，大矿主的脸马上由"阴"转"晴"，哈哈大笑起来，然后当场拍板："很好，您被录用了，明天就可以来上班。"

我们可以从这个故事中，看到彼得审时度势、灵活多变的机智，他采用了以退为进的策略。说服他人时，让步是一种暂时的虚拟的后退，是为了进一尺所做出的退一步。

由此可见，以退为进的交谈方式，是一种有效的说服策略。它表面是退缩，实质是进攻，退是为了更好的进。就像拉弓射箭，先把弓弦向后拉，目的是为了把箭射得更远。以退为进的无穷魅力就在这里。

迂回曲折，绕个弯子巧说话

林语堂在《论中西画》一文中写道："文章无波澜，如女人无曲线。天下生物都是曲的，死物都是直的。自然界好曲，如烟霞，如云锦，如透墙花枝，如大川回澜；人造物好直，如马路，如洋楼，如火车铁轨，

如工厂房屋。物用惟求直，美术则在善用其曲。"

世界上的许多事物，在道理上都有相通之处。比如说道路，就交通而论，以笔直畅达为好；就审美而论，以曲折有致为好。所以公园里的路大多曲径通幽。同样的道理，我们说话写文章，如果直抒胸臆，尽可一吐为快。但是，在社交过程中，出于礼貌原则，往往要说得含蓄委婉。有时，为了幽默逗趣，也故意把话说得折来绕去。所谓折绕，就是不直截了当地表白，而是采用迂回曲折的说法来表达本意的一种修辞方式。例如：

在一次招待外宾的宴会上，有一道杂锦汤，看上去是万绿丛中数点白，来自阿拉伯的客人问那白色是什么？翻译一时忘了鸡蛋一词，便急中生智地说："这是公鸡夫人的孩子。"外宾先是一愣，然后会意地大笑起来。

杂锦汤中的白色物是用鸡蛋清做成的，翻译由于忘了阿拉伯语中的鸡蛋一词，便绕了几个弯子还有些词不达意，但是当外宾明白了他所说的是何物时却收到了出人意料的效果。

一般情况下，折绕可分为以下 4 类：

第一，所属式折绕

即在说及具有所属关系的人和事物时，只说相伴随的供人使用的事物，让人意会到它的主人；当要表达其一行为的结果时，不是一语道破，而是述说伴随事物的变化。

林肯在斯普林菲尔德担任律师期间，有一天他步行到城里去。车辆从他身后开来时，他喊住了驾驶员，问："能不能行个方便替我把这件大衣捎到城里去？"

"有什么不能呢？"驾驶员回答说，"可我怎么让你重新拿到大衣呢？"

"这很简单，我打算裹在大衣里头。"

林肯不直说自己要搭车，却通过主从关系的联想，说要把自己穿的大衣捎回去，而自己则裹在大衣里，这种颠倒主次的说法，新颖别致，

诙谐幽默。

"你丈夫到赌城去了吗?"玛丽问她的朋友道。

"是的。"白洛克太大回答道。

"他赢了还是输了?"

"他去时只坐一部价值 **30** 万元的汽车,回来时却坐价值 **50** 余万元的大巴。"白洛克太太低声回答。

白洛克太太的回答,可以使人想象到她丈夫输掉了那辆小汽车。

第二,对应式折绕

即不直接说出某一人和事,而是说出与之对应的人或事物,让人从中悟出或者推导出来。如明代钟惺的《谐丛》载:

有一个性卢的先生晚年丧妻,再娶了一个年轻的祝氏,然而祝氏认为这门婚事不如意,每天皱着眉头。卢先生问道:"你是不是嫌我年纪大了?"祝氏回答说:"不是。""那是不是嫌我官职卑微?"祝氏回答说:"不是。"卢先生不解:"那是为什么?"祝氏说:"不怕卢郎年纪大,不怕卢郎官职卑,只恨妾身生太晚,不见卢郎年少时。"

祝氏进行了换位思考。不直截了当地说她的丈夫年纪大了,却说自己出生太晚,年龄大小,不能看见丈夫年轻时的样子。弦外之音,还是嫌丈夫年纪老。

蜡烛铺老板的儿子杉太郎娶了天下第一美人为妻。每遇到一个人,他就极想夸耀一番,可他又不愿露骨地炫耀,后来终于想出了一个妙法。在同行的聚会上,杉太郎说:"我不久前娶了妻,名叫静子,她的妹妹喜美是个大美人,可她俩站在一起,分辨不出谁是姐谁是妹!"

利用姐妹俩同出一源,相貌上有相似之处,杉太郎便借彼夸此,手段可算高明。

第三,推导式折绕

即利用事物的因果关系进行推导,先说原因,后说结果,或先说结果,后说原因,让人意会到弦外之音。

一个顾客在酒店喝啤酒。他喝完第二杯之后，转身问酒店老板：“你们这儿一星期能卖掉多少桶啤酒？”

“35桶。”老板得意扬扬地回答说。

“那么，”顾客说，“我倒想出一个能使你每星期卖掉70桶的办法。”

老板很惊讶，急忙问道：“什么办法？”

“这很简单，你只要将每个杯子里的啤酒装满就行。”

顾客不直说杯里的啤酒太少了，而是通过因果关系的联想，即多倒啤酒就能增加销售量的联系，先说结果，然后再说要达到这一结果的条件，从而既幽默又含蓄地表达了自己的意见。

曾经当过国务卿的美国五星上将卡特利特·马歇尔在他驻地的一次酒会上，要给一个小姐送行。

这位小姐的家就在附近不远，可是马歇尔开了一个多小时的车才把她送到家门口。

“你来这里不是很久吧？”她问，“你好像不大认识路似的。”

“我不敢那样说，如果我对这个地方不熟悉，我怎么能够开一个多小时的车，而一次也没有经过你家门口呢？”马歇尔微笑着说。

这位小姐后来嫁给了马歇尔。

马歇尔不直截了当地说：我认识路，开车兜风这么长时间，只是想和你多待一会儿，而是按照逻辑推理来反问对方，让对方去回味自己的用意。

第四，行为换述式折绕

即不直截了当地说出某一行为，而是拐弯抹角地暗示。

一个怕羞的男人，始终没有勇气向他所爱的女人表达爱慕之情，但她却非常了解和爱他，常常制造机会，让他表示出他的爱，但他却始终无法利用她所提供的机会。

有一天晚上，他和她在公园的长椅上，照例又是无语。她忍不住又制造机会对他暗示道：“据说男人的一只手臂的长度，与女人的腰围相等，不知你信不信？"

"是真的吗？"他答道，"可惜我没带一根绳子来量一量。"

女子是在旁敲侧击，示意男友拥抱她，只可惜当局者迷。

一个泥瓦匠曾为皇宫翻盖过屋瓦。一次，他在喝得酩酊大醉时说了一句"沙皇陛下在我的屁股底下"，因而被告到法院。

法院判了罪，记者要报道，又不能重复那句侮辱皇上的话，真是费尽了心思。一个聪明的记者写的消息十分得体，被各报纷纷采用。消息说："泥瓦匠安德烈被法院判处有期徒刑 3 年，因为他泄露了有关沙皇处所的令人不安的消息。"

记者不能直接引用泥瓦匠的话，以免对沙皇犯下不敬之罪，只能绕着弯子说。

从以上的例子可以看出，绝大部分都是折绕者在回答问题时说的，在很短的时间内便组织好语言，不能不说是机智敏捷。

折绕避免了直来直去，一览无余，给人以新颖别致、跌宕多姿之感。同时，折绕调动了听者的参与意识，让人在参悟、回味中明白说话人用意，从而产生一种破译成功的喜悦。

抛砖引玉，诱其真言

鬼谷子说过，正如对事物的考察要经历从今到古、从古回今的过程，对人的试探也要经过多次反复的回答。好比投石问路，不断地收集对方的信息，观察对方的反应。特别是要诱导对方多多说话，让他情不自禁地说出真情。也可以你先开口说几句简单的话，静听对方的反应。如果

对方已进入角色，就随时诘问他，让他打开心扉。说话时最好引述各种实例，给人以具体的形象，以刺激对方的发言欲望。

不论是谁都有一些自己感兴趣或值得骄傲的事情，如果你能引导对方谈论这些话题，他一定能兴奋地滔滔不绝地说下去，从而使你们的谈话顺利进行下去，谈得熟了，自然就会不自觉地谈到你想知道的问题上去。循循善诱的过程就是找共同点、不断磨合的过程。

甲：你好像很喜欢看电影啊？

乙：是啊。小时候就偷偷混进电影院看，后来上学了就逃课到录像厅去看，现在条件好，经常买影碟看，呵呵。

甲：那你都爱看什么类型的电影啊？

乙：其实一般没什么讲究，都挺喜欢的。不过还是人家美国人拍的商业片好看，艺术片也不差；法国影片就是节奏有点慢，但是有一些另类的视角；意大利影片愉悦性差一点，但比较深刻。

甲：看来你真的了解很多电影啊！

乙：呵呵。我还在电影杂志上发表过影评呢！

甲：是吗？真不错！

乙：我就是从小喜欢，上大学的时候差点考电影学院！

甲：哦，你真应该考！

乙：是啊……（继续兴致勃勃地谈）

一个好的试探者一定首先是个好的谈话者和倾听者。倾听，是为了给对方倾诉的空间，给他充分的空间以暴露自己；而谈话不在多，一定要像鱼饵一样让对方上钩，说你想知道的内容，这样才能诱出真言。

别人讲话时处于动态，自己倾听是出于静态。以静待动，以安待哗，以无形的技巧钓有声的语言。如果一个人对此道熟谙深察，那么他就掌握了打开人心的钥匙。

在商业谈判中，当对对方的商业习惯或真实意图不大了解时，通过巧妙地向对方提大量问题，并引导对方作出全面的正面回答，然后得到一些不易获得的资料。关键的地方在于：不陈述自己的观点，让对方多说，从而摸索、了解对方的意图以及某些实际情况。

有位做服装生意的个体户，当他预测到某一新款式的西装将有很大的销售前景时，便决定购进400件。因此，他便展开了与卖主谈判的较量。为了了解从卖主处批发服装的极限价，也就是服装的最低价格，他便要求卖主分别对购买40件、400件、4000件乃至40000件进行报价。卖主把价单送来后，眼光敏锐的他立即从中获得了许多有用的信息。由于卖主一般不愿失去此次卖出400件乃至多十倍百倍的大笔生意，因而在报价中会对服装的价格作相应的下调。

从这种下调趋势之中，这位个体户十分容易地就了解到西装的最低价。在这种知己知彼的情况下，这位个体户以最合理的价格做成了这笔交易。

在社交活动中，想要掌握主动权，就要学会抛砖引玉、投石问路，这样才能尽可能地了解对方的情况，才不会使自己处于劣势。

乔·库尔曼是一位美国著名的金牌寿险推销员，是第一位连任三届美国百万圆桌俱乐部主席的推销员。他成功的秘诀之一就是擅长抛砖引玉性的提问。如客户说"你们这个产品的价格太贵了"，他会说："为什么这样说呢？""还有呢？""然后呢？""除此之外呢？"提问之后马上闭嘴，然后让客户说。"客户说得越多他越喜欢你"，这是每个销售人都应该记住的名言。

通常客户一开始说出的理由不是真正的理由，抛砖引玉性提问的好处在于你可以挖掘出更多的潜在信息，更加全面地作出正确的判断。而通常当你说出"除此之外"的最后一个提问之后，客户都会沉思一会儿，谨慎地思考之后，说出他为什么要拒绝或购买的真正原因。那么，该怎么抛出我们的"砖"呢？什么样的"砖"才能引来真正的"玉"呢？

当你与一位刚刚认识或不知底细的人交谈时，避免冷场的最佳办法是不停地交换话题，你可以用提出一些问题的方法进行"试探"。一个话

题谈不下去时，就换到另一个话题，你也可以接过话头，谈谈你最近读过的一篇有趣的文章，或说说你刚刚看过的一部精彩的电影，也可以描述一件你正在做的事情或者正在思考的问题。如果谈话出现短暂停顿，不要着急，不必无话找话谈，沉默片刻也无妨。谈话是交流，可以涓涓细流，不必像赛跑那样拼命地冲到终点。很多时候，一句恰到好处的提问就够了，而许多难忘的谈话也都是由一个问题开始的。

在一个谈论自己成功之道的宴会上，众多成功的企业家无暇出席，小王的老板由于有重要事情要办，便让公司职位最高的小王代表自己来参加这次宴会。小王本打算露露脸过去就行了。可是，来到晚宴，发现全场只有 6 桌，自己还被拉到主桌，坐在小王身边的是一个大富翁。当晚，小王觉得很难熬。可是，他在说话时只多加了两个字，那位富翁整晚就滔滔不绝。这两个字就是"请教"。

小王只是问："早就听说您公司的大名了，请教您的生意是怎样成功的呢？"于是那位大富翁便滔滔不绝地讲起他从年轻到今天的奋斗过程。

由此看来，提问的方法是非常有效的。不必配合不同的环境去找不同的话题，只要你记住"请教"这两个字，就可以马上让对方打开话匣子。

另外，在提问的时候，把对方下意识的动作当做打开沉默的话题，这也不失为一个好办法。假如对方只是一味抽烟，你发现他在熄灭火柴时有某些习惯，就立刻问他："你熄灭火柴的动作很有趣，轻轻一弹就熄了。"看到对方在咖啡里加两勺半的砂糖，也可发问："对不起，为什么你非要放两勺半砂糖不可……"通常面对这类问话，人们都会热心地回答，说不定还会唤起对方滔滔不绝的回忆呢。面对较为内向、羞怯的人，不妨多发问，帮助他把话题延续下去。

有时候，如果对方碍于一些原因不愿意说出你想要的信息，就需要你巧设迷局，套出他的真话，抛出一块"砖"，让他不得不接着。

第二次世界大战中期，东条英机出任日本首相。此事是秘密决定的，各报记者都很想探得秘密，竭力追逐参加会议的大臣采访，却一无所获。

有位记者有心研究了大臣们的心理定式：谁都不会说出由谁出任首相，假如问题提得巧妙，对方会不自觉地露出某种迹象，从而又可能探得秘密。于是，他向一位参加会议的大臣提出一个问题：出任首相的人是不是秃子？

当时，日本首相有三名候选人：一是秃子，一是满头白发，一是半秃顶，这个半秃顶的就是东条英机。在这看似无意的闲谈中，大臣没有想到其中暗藏机关，因为他在听到问题之后，神色有些犹豫，没有直接回答问题。聪明的记者从这一瞬间，就推断出最后的答案，获得了独家新闻。因为对方停顿下来，肯定是在思考：半秃顶是否属于秃子？这样就轻松地得到了自己想要的答案。

但是，常拿"钓人之网"套人语言，对方终究会发现自己上当而不再应答，这时，就要以诚挚的语言感动他，作为对他袒露心迹的报答。如果对方的感情随之而动，就加紧引导和控制。高明的人是这样，其他的人也可以这样做。无论是谁只要掌握了这种技巧，都能得到自己想要的真情实事。

第四章 透过习惯洞察他人心理

常言道："画龙画虎难画骨，知人知面不知心"。实际上，人的面部表情、衣着打扮、言谈举止、兴趣爱好等，都在无形中传递着不计其数的复杂而又微妙的信息，都可以真实、准确地反映出对方的气质、情绪、性格、态度等。如果你是一个心思细腻，观察力强的人，那么你在交际中，就能通过收集信息，作出综合判断，从而洞悉对方的内心。

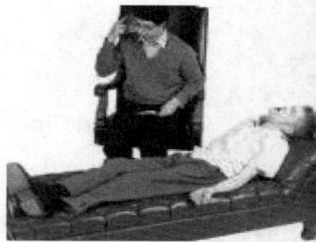

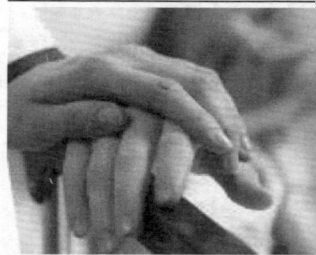

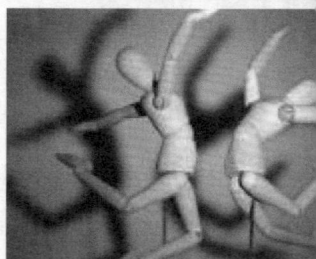

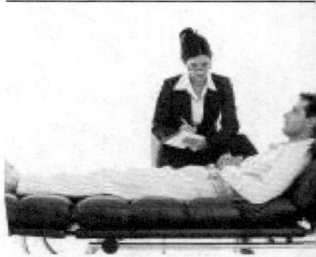

察"眼"观色，透视心扉

眼睛是人们传达信息最为重要的器官，一个人心里想什么，十之八九可以透过他的"眼色"看出来。只要你善于观察和分析，那么你就能够更好地理解别人传达给你的信息。这样你就可以掌握交往活动的主动权，让自己在各种交往活动中时刻把握别人的心理活动，看对方的"眼色"行事。

"眼色"是人类的另一种语言，四五岁时，我们就能辨认一般的面部表情，而到了六岁左右，聪明的孩子就懂得看大人的"眼色"行事了。比如，看到妈妈一瞪眼，准知道自己犯了错误，在人际交往时，我们同样要懂得看人"眼色"行事。

一个人的眼睛流露出温和的善意，那么这样的人心底必定是感性和善良的；如果一个人的眼睛横立，那么这个人的性情一定非常刚烈；一个人的眼珠如果暴突，这样的人一定不是善良之辈；如果发现一个人的眼睛斜视而不语，那么他的心一定怀有不满。

如果近距离仔细观察一个人的眼睛，发现他神情内藏不露，同时眼睛向上扬，他是想要证明他自己确实没有任何过失，是一种假装无辜的表情。

如果一个人在对别人瞄上一眼之后，慢慢闭上了自己的眼睛，这是一种"我相信你，不怀疑你"的身体语言。如果在闭上眼睛之后，再睁开望一望对方，如此动作不断地反复，那么这就是对别人尊敬与信赖的一种重要的表现。

如果一个人向一位异性看了一眼就故意收回自己的视线，而不继续观察，这就是他的一种自探行为，他真实的意图是，想要对方给予答复。

一个人的眼睛呈低垂状态，是表示谦逊的信号。在职场中，这种眼部动作是基于下属不敢正视其上司的正常反应。眼睛低垂的方向多是地面的方向，这个时候眼睛不会左右乱瞟，做这种眼睛动作之时往往与鞠躬或俯首听命等身体动作同步。

一个人在目光炯炯地望着别人时，他的上睫毛极力控制往上压，这是为了制造一种令人难忘的表情，这是向别人传达某种惊恐的心绪或者不安的心情。

如果斜视瞟人，则是偷偷地看别人一眼又不愿被人发觉的动作，这时候他传达的是羞怯的意思。这种眼睛的动作等于是在告诉别人说："我比较含羞，所以不敢正视你，同时又忍不住地想看你。"

一个人以挤眼睛的动作用一只眼睛给另一个人使眼色，这就意味着两个人之间有某种默契。它所传达的意思是："你和我此刻拥有共同的秘密，这个秘密其他任何人都无从得知。"如果在社交场合之中两个人之间相互挤眼睛，则表示他们对某项主题或者事物有共同的感受或相同的看法。

除此之外，眼神沉静，说明他对于你急于获知的问题早已成竹在胸；眼神散乱，说明他也毫无办法；眼神横射，仿佛有刺，说明他为人冷漠；眼神阴沉，应该知道这是凶狠的信号，与他交往，应该小心谨慎；眼神流动过于频繁，便可知道他胸怀诡计，有可能想给你苦头尝尝；眼睛无奈上扬，是假装无辜的表情，这种动作表示自己确实被冤枉；近距离细看，表明在意、重视；眼光游移表示心不在焉，感觉无聊；眼神乱瞟表示不安、紧张等等。

想要通过观察一个人的眼睛了解他的心理活动，就要具备敏锐的观察能力和准确的判断能力。因为眼睛的动作与变化是非常短暂的，稍纵即逝，所以一样要把握好眼睛极为轻微的变化，同时要依靠分析作出准

确的判断，从而得到对方通过眼睛所传递的信息。

孟子曰：“存乎人者，莫良于眸子。眸子不能掩其恶，胸中正，则眸子瞭焉；胸中不正，则眸子眊焉。听其言也观其眸子，人焉庾哉。”他认为通过观察人的眼睛，可以知道人的善恶。

这并不是孟子的随意之言，根据眼睛推断一个人的善恶是有着一定的科学依据的。医学研究发现：眼睛是大脑在眼眶里的眼神，眼球底部有三级神经元，如同大脑皮质细胞一样，具有分析综合能力。所以，眼睛在人的五类感觉器官中是最敏锐的，大概占感觉领域的 **70%** 以上。

而瞳孔的变化、眼珠转动的速度和方向等活动，又直接受脑神经的支配，再加上眼皮的张合、眼与头部动作的配合等一系列动作，人的感情就自然而然从眼睛中反映出来，而且它所流露出的信息甚至比言行更为真实。所以，如果学会“看‘眼色’行事”，就一定能让自己成为社交活动的高手。

从面部表情洞察对方的一切

虽然面相和外表不能全部反映一个人的品性等特质，但是如果将一个人作为一个整体来看，综合观察他的言谈举止、行为声貌，就会从细节中发现这个人的特性。在实践中积累这些经验，就可以一眼看穿江湖骗子，也可以一眼看出对方最真实的想法。这就像只隔着一层玻璃一样，让你清楚地洞察对方的一切。这也就是人际交往中的“火眼金睛”的妙处所在。

传说韩愈在潮州做官时，有一天出巡，在街上碰见一个和尚，面貌

凶恶，特别是翻出口外的两颗长牙，韩愈很讨厌他。韩愈回到府里，才下轿，看门的就给他一个红包，里面是和尚的牙齿。韩愈想，我想敲他的牙齿，并没有说出来，他怎么就知道了呢？后来韩愈才知道，他就是潮州灵山寺有名的大颠和尚，是个学问很深的人。

在高明的人看来，每个人的脸上都挂着一张反映自己肉体和精神状况的明细表，能够反映出每个人的性格，因而通过脸来判断人的性格是切实可行的。大颠和尚正是通过对韩愈表情细微之处的观察，察觉了他的不满意之处，真是火眼金睛啊。

美国著名的成功学家、"钢铁大王"卡耐基是一个不好虚名重实际的人。他厉害的一点在于，能够清楚地洞悉对方内心真正的需求，然后有的放矢，百发百中。

有一年，卡耐基结识了一位名叫弗里克的青年。此人经营煤炭业，号称"焦炭大王"。卡耐基的钢铁公司需要煤炭，而且他对弗里克的胆识与才干非常赏识，如果跟弗里克合作的话，对他的事业无疑是有好处的。

卡耐基知道弗里克为人十分自负，如果不把他的面子照顾得很周全，即使他明知对自己有利，也不会合作的。于是，他将弗里克请到自己家里，热情接待。其时，卡耐基已年近 50 岁，比弗里克差不多大一倍，他的财富则比弗里克多无数倍，但他仍然在弗里克面前保持着礼貌和谦逊。

尽管弗里克是个骄傲自负的人，也不禁对卡耐基产生了好感。这时，卡耐基才提出合作成立一家煤炭公司的建议。他还大度地表示，新公司的总价值是 200 万美元，弗里克的焦炭公司约值 32.5 万美元，其余 160 多万美元都由他支付，股份双方各得一半。

只出四分之一多一点的资金，却能得一半股份，这是打着灯笼都难找的好事，弗里克却还在犹豫，如果公司以卡耐基的名义运作的话，他是不乐意的。因为他是一个"宁为鸡首，不为牛后"的人。

卡耐基看出他的心事，补充道："新公司的名称是弗里克焦炭公司。"

弗里克再无疑问，当即爽快地同意了。此后，弗里克成为卡耐基的合作者，日后更成为卡耐基钢铁公司的高层领导之一。

卡耐基知道，作为商人，当以求利为本。利来而名自至，根本用不着考虑一时的虚名，可是弗里克却没明白这个道理。卡耐基看穿了他想要个虚名的心理，并且投其所好地及时奉上，立刻获得了弗里克的合作机会，这笔买卖，卡耐基付出的不过是一个虚名，一顶空帽子，但收获的却是实实在在的利润。卡耐基做的这笔买卖真是很划算，而这笔买卖成功的关键，就在于看透对方的心思。

戏曲中有脸谱的说法，就是以某些角色脸上画的各种图案，来表现人物的性格和特征。所以从某种程度上说，脸就是一张反映个人情绪和性格的晴雨表。其实，正因为每个人的表情后面是他的生活经历、学识修养、心态人格，外人才可以通过一个人的脸色可以看穿一个人的心理，看透他是什么样的人。

这里说的"脸色"，也不是指静态的长相，而是指动态的面部表情。面部表情是一种丰富的人生姿态、交际艺术。不同的人的脸色，又可以成为一种风情、一种身份、一种教养、一种气质特征和一种表现能力。比如，脸上泛红晕，一般是羞涩或激动的表示；脸色发青发白是生气、愤怒或受了惊吓而异常紧张的表示。脸上的眉毛、眼睛、鼻子和嘴，更能表现极为丰富细致而又微妙多变的神情。皱眉一般表示不同意、烦恼，甚至是盛怒；扬眉一般表示兴奋、惊奇等多种感情；眉毛闪动一般表示欢迎或加强语气；耸眉的动作比闪动慢，眉毛扬起后短暂停留再降下，表示惊讶或悲伤。无独有偶，西方也流传着一个有趣的小故事，讲述的是同样的道理：

创立了原子论的古希腊哲学家德谟克利特，被后人誉为唯物论的鼻祖。有一天，德谟克利特在街上偶然遇见一位熟识的姑娘，德谟克利特和她打了一声招呼："姑娘，你好!"

第二天，德谟克利特再一次碰到与昨天同样打扮的那位姑娘时，却这

样招呼道："这……这……太太，你好!"一语道破之后，他便转身离去。

一夜之间成为"太太"的那位姑娘被德谟克利特看穿时，脸上恐怕要涌上害羞的潮红了。那么，德谟克利特是如何看穿那位姑娘"一夜之间变成太太"的呢？这是他仔细观察那位姑娘的脸色、眼睛的活动情况、面部表情及走路的姿态等一系列举止的结果。

据说，德谟克利特有时正吃着鲜美可口的瓜果，会突然从房间里跳出来，跑到地里去搞清楚瓜果为什么这么好吃。他就是具有如此极强烈的探索精神和敏锐的观察力，所以才会具有如此神奇的本领。

如果让一个天真质朴的儿童来画一个人，无论他画的是火星人还是章鱼人或是其他什么怪诞的人，他一定会先画出脸，尽管他可能会画出没有脖子的人，但是绝对不会画出没有脸的人。在我们日常会话里，以脸、面代替人的情况往往很多，比如说遇见人，可以使用"拜颜"、"面晤"、"面接"、"会面"等词语来表示。

现实中，不是每个人都能像大颠和尚、卡耐基、德谟克利特那样善于从脸部看人，这种能力是要通过努力的学习和长期的实践才能得到的，它不是雕虫小技，而是一种极其重要的做人、看人的本领，发现并掌握它，往往能大大地帮助你做一个左右逢源、极受人喜欢的人。

根据话题判断对方的心理变化

在谈话当中，我们要随时关注对方的话题，因为一个人的心理情况往往在话题中表露出来。也许对方并未直接说出自己的心境，但你只要仔细分析对方话题的内容，一定能获得对方某方面的信息。话题是心理的间接反映。哪怕只是说话的方式发生小的变化，也暗示了对方心理的变化。

在生活中，言谈能告诉你一个人的地位、性格、品质以至流露的内心情绪，因此听弦外之音是"察言"的关键所在。只有正确地"察言"，才能在和他人的交往中把握他们的想法，更好地沟通。总的来说，人们谈话有这么几个特点很明显，你可以很容易观察到：

第一，爱谈论自己的人

有的人与人交谈时，爱谈自己的情况，包括自己的个性、自己的爱好、自己对一些事物的看法等。这样的人性格比较外向，也比较忠厚。一般他们的感情色彩鲜明而且强烈，主观意识比较浓，爱公开表露自己的优点与长处，多少有点虚荣心。他们渴望交谈者能关注自己，了解自己，自己能在众人的谈话中处于焦点位置。

第二，不爱谈论自己的人

相反来说，如果一个人不爱谈论自己的有关情况，对自己的信息很有防范倾向，哪怕一些可以公开的个人话题也不愿涉及。说明这类人的性格比较内向，往往对事物的看法观点不鲜明，感情色彩比较弱，主观意识也比较浅薄。这类人比较保守，多少带有自卑心理，也许其中有些人很含蓄，但城府很深。

第三，爱谈论他人的人

有一类人爱与对方谈论第三者，将另外一个人的方方面面作为话题，并滔滔不绝，评论不休。不住地向对方说起第三者的是非功过，当然还是贬低的方面多，多以批判为主。喜欢当着你的面谈论第三者的意图是什么？很可能他在批评时还要促使你发表一下看法。这时你要明白对方的用意，你千万不可也妄加指责第三者，最好把话题岔开，对方是想借此来了解你的一些情况。

第四，在谈话中不愿涉及金钱话题的人

这类人对金钱很敏感，谈话中故意绕开金钱的话题不谈。他们往往

信心不足，缺少理想。之所以不谈金钱，是因为他们把金钱看得太重，有一种金钱至上的观念。他们不太注重现实，很有物质崇拜倾向，常将赚钱定位人生的奋斗目标，但真正有了钱却没有什么理想，思想上很平庸。他们即使有钱，也不会乐善好施。当拥有巨大的财富时，他们又为自己的财产安全感到不安。这类人活得很不快乐，心灵很空虚。

第五，爱发牢骚的人

谈话中爱从某一话题中引发牢骚，或对人，或对事，牢骚不止。这类人多属于追求完美的人。他们拥有很强的自信，做什么事情要求都比较高，因为他们心中时刻树立着最理想的目标。一旦自己做错了就埋怨自己，别人做得不好他更不能放过。但世间永远没有最好，只有更好。这类人比较理想化，在现实世界中做得不够，但只知抱怨做得不好，并不知从现实中总结经验、吸取教训。

第六，爱赞美对方的人

有一类人在交谈中很爱在话题中赞美别人。赞美对方的个性，赞美对方的爱好，赞美对方的职业，赞美对方的家庭等等。使人感觉到一种过度的恭维，没有实在感。这类人一般会用心计。他恭维你是想让你对他产生好感，很可能在谈话中有目的，有事要求你帮忙，只是不好开口，没有原因的恭维是不存在的。

第七，突然转移话题

在谈话进行中也有这种情况，一方突然把话题转移，提出令对方难以接受的苛刻条件。这种方式一般有两个原因，一是提出方对对方感到不满，想存心为难对方，并想通过棘手的问题挫败对方；还有就是想试探出对方的诚意。提出一个让对方不易接受的条件，看看对方有什么反应，以此来探知对方的态度。这类人说话比较冒进，往往令人产生反感，但是他也是从实际出发，并没有什么歹意。

第八，试探性的语言

谈话一方如果提出一个令对方很敏感的问题，使对方处于为难的孤立状态，这是他想迫使对方作出果断的选择。一般情况下，对方要经过慎重思考才能回答。男女恋爱时经常会用这种方式来考验对方。这样做的目的多半是想探测对方说的是否为真心话，或者想知道对方对自己是否真的在意。

第九，贪婪性的语言

有些人在谈话中不停地询问对方的有关情况，他是想了解对方的真相，很可能心存不良想进一步控制对方。这时你最好岔开话题，以免他追问不休。

当你正津津有味地谈论着一个话题时，对方突然插过来一个毫不相关的话题，这是他对你的话题根本不敢兴趣。这类人爱忽视别人的谈话，对对方显出不尊重。这类人还怀有极强的支配欲与自我显示欲，所以个性比较蛮横霸道。这类人谈起话来会喋喋不休，一般不喜欢别人插话。

话题属于谈话内容的范畴，言为心声，所以你可以从对方对话题的关注程度中判断出他是个怎么样的人，对什么感兴趣。在谈话中把握好话题的运用，会增加你的谈话信息，提高你的谈话质量。

从细微的变化中洞察他人

人们最恨的，往往不是他们的敌人，而是小人。因为敌人处于明处，我们会有所防备，但小人，却往往防不胜防。而且，他们总是混迹于朋友之中，让你真假莫辨。"小人"没有特别的样子，脸上也没写上"小人"二字，有些小人甚至还是一副表面光鲜的样子，有口才也有内才，

根本让你想象不到。

大体言之，"小人"的言行有以下的特色：喜欢造谣生事；喜欢挑拨离间；喜欢拍马奉承；喜欢落井下石；喜欢找替死鬼；喜欢把自己的快乐建立在别人的痛苦之上；表面上装成朋友、哥们，背地里却猛然捅人一刀。

李厂长出差的时候在火车上遇见一位"港商"，二人一见如故，互换了名片。这位港商在举手投足间都显示出一种高贵的气质，这使李厂长对其身份深信不疑。恰巧二人的目的地相同，而港商又对李厂长的产品非常感兴趣，似有合作意向，李厂长便与之同住一个宾馆，吃饭、出行几乎都在一起。这一天，李厂长与一客户谈成了一笔生意，取出大笔现金放在包里。午饭后与港商在自己的屋里聊天，不久李厂长起身去卫生间，回来时出了一身冷汗：港商与那个装满现金的皮包都不见了！李厂长赶紧报警。几天后案子破了，原来所谓的港商竟是一个职业骗子。这让李厂长对自己的轻易相信他人，交出自己底细的做法痛悔不已。

像李厂长这种被人摸清底细钻了空子的事情几乎时有所闻。而"港商"的骗术仅在于：以假心换取你真心。所以，在这一点上，我们有必要吸取教训，换一种不那么"实心眼儿"的做人态度。

对陌生人要有防备之心，对朋友也要心存一丝戒备。许多人对朋友不善测度及评价，朋友有时往往成为最危险的敌人，在你以之为友，放松戒备的时候，对方却已经早早为你设下了欺骗的圈套。

春秋末年，晋国中行文子被迫流亡在外，有一次，经过一座城池时，他的随从提醒道："主公，这里的官吏是您的老友，为什么不在这里休息一下，等候着后面的车子呢？"中行文子答道："不错，从前此人待我很好，我有段时间喜欢音乐，他就送给我一把鸣琴；后来我又喜欢佩饰，他又送给我一些玉环。这是投我所好，以求我能够接纳他，而现在我担心他要出卖我去讨好敌人了。"说完此话，中行文子很快地就离去了，果然，之后不久，这个官吏就派人扣押了中行文子后面的两辆车，献给了晋王。

中行文子在落难之时，准确推断出"老友"的德行，避免了遭受落井下石的灾难，这可以让我们得到启示：当某朋友对你，尤其你正处高位时，刻意投其所好，那他多半是因你的地位而结交，而不是看中你这个人本身。这类朋友很难在你危难之中施以援手。

但是可惜的是，在普通人当中，有中行文子这般洞察世事的人并不多见。须知道，世上有很多心口不一，表里不同之人，要看出来是很难的。顺境中，特别是在你春风得意时，凡来往多的都可以称之为朋友。大家礼尚往来，杯盏应酬，互相关照。但如果风浪骤起，祸从天降，比如你因事而落魄，或蒙冤被困，或事业失意，或病魔缠身，或权势不存等等。这时，你倒霉自不消说，就连昔日那些笑脸相对，过从甚密的朋友也将受到严峻考验。他们对朋友的态度、距离，必将暴露得一清二楚。那时，势利小人会退避三舍；担心自己仕途受挫的人，会划清界限；酒肉朋友因无酒肉诱惑而另找饭局；甚至还有人会乘人之危落井下石，踩着你的肩膀向上爬。当然也有始终如一的人继续站在你身边，把一颗金子般的心捧给你，与你祸福相依，患难与共。

古人曾说："居心叵测，甚于知天，腹之所藏，何从而显？"答曰："在患难之时。"此时真朋友、假朋友、亲密的、一般的、"铁哥们儿"、"投机者"就泾渭分明了。

权力官位、金钱利益历来都是人心的试金石。有的人在当普通一兵时自觉人微言轻，尚与伙伴们情同手足，同喜同忧。一旦他的地位上升了，便官升脾气涨，交朋会友的观念也就变了，对过去那些"穷朋友"、"俗朋友"便羞于与他们为伍，保持一定距离。

在利益面前人的灵魂也会赤裸裸地暴露出来。有的人在对自己有利或利益无损时，可以称兄道弟，显得亲密无间。可是一旦有损于他们的利益时，他们就像变了个人似的，见利忘义，唯利是图，什么友谊，什

么感情统统抛到脑后。

当然，大公无私，吃亏让人，看重友谊的还是多数。但是，在利益得失面前，每个人总会亮相，每个人的都会站出来当众表演，想藏也藏不住。擦亮眼睛，多长一个心眼，谨防身边披着"朋友"外衣的"小人"。

鹿口渴得难受，来到一处泉水边。它喝水时，望着自己在水里的影子，看见自己的角长而优美，扬扬得意，但看见自己的腿似乎细而无力，又闷闷不乐。鹿正自思量，出来一头狮子追他。他转身逃跑，把狮子落下好远，因为鹿的力量在腿上，而狮子的力量在心里。在空旷的平原上，鹿一直跑在前头，保住了性命；到了丛林地带，鹿的角被树枝绊住，再也跑不动，终被狮子捉住了。鹿临死时对自己说道："我真倒霉，我感觉不满意的却救了我，我十分信赖的，却使我丧命。"

千万别被一个人做的"表面好事"而迷惑，对于那些嘴里说要行"好事"，实际上要做坏事的人，有一种很好的识别方法：观其表面之意而作反解。逆向思维，能让我们从一个笼罩着光环的好人好事的反面去发现从正面很难看见的背影，从而避免轻信所带来的失误。

无论在日常生活中还是在工作事业上，凡事均须擦亮眼睛，不放过事物细微的变化，遇到异常现象更须立即提高警惕，不要粗枝大叶、疏于防范。"害人之心不可有，防人之心不可无"，莫让别有用心的"小人"有机可乘，从而置自己于困难或危险之地，给自己的事业和生活造成损失。

不以貌取人，识人要看内心

一个人外在的形象虽然在一定程度上表示了他的品位、地位等方面，但是光以貌取人，难免会犯错误。有时候，身份显赫的人为了保持低调而表现得很平易近人，甚至穿戴平平让你一点都看不出来；有时候一些别有用心的人抓住了人们趋炎附势的心理，装出一副衣冠楚楚的样子，很容易让人上当受骗。

汉代扬雄曾说："行轻则招辜，貌轻则招辱。"意思是："行为举止轻率，就会招致罪过；衣饰相貌不整，就会招致羞辱。"这句话的确非常有道理。古往今来，大家都知道"人不可貌相，海水不可斗量"的道理。如果你仅仅凭外表就判定一个人，恐怕就会错失良机和人才。

《三国演义》中道号水镜先生的司马德操曾说："伏龙、凤雏，两人得一，可安天下。""伏龙"即诸葛亮，"凤雏"即庞统。两人都是可安天下之才，但两人的境遇却截然不同：诸葛亮身居草庐，受刘备三顾而出；庞统只身无主，前后两次向孙权、刘备求荐，均遭到冷落。看来上苍是在很不公平。究其原因，其实与诸葛亮、庞统二人的形象有关。

孙权、刘备在见庞统之前，都久闻庞统大名，并都非常愿意与之相见。孙权说："孤亦闻其名久矣。今既然在此，可即请来相见。"刘备听说"江南名士庞统特来相投"，也特别的兴奋，"便教请入相见"，足见二人当时急切的心情。

但是他们两人所见到的庞统是个怎样的形象呢？庞统的相貌是"浓眉掀鼻，黑面短髯，形容古怪"，相貌极其丑陋。庞统衣着是"道袍竹

冠，皂袍素履"，一副寒酸打扮。见到庞统的这副"尊荣"，孙权"心中不喜"，刘备"心中不悦"。看来他们所喜欢的是庞统的"江南名士"之名，而不是"形容古怪"之人。

另外，庞统的行为也很不检点，不注意必要的礼节，这也使他的整体形象受到严重的影响。他见刘备时"不揖不拜"，这对刘备来说确实有失礼节之处。

爱才如刘备、孙权者都难免会犯下以貌取人的错误，不过好在刘备知错就改，挽回了才子的心，可是孙权醒悟地慢了一步，就等于将社稷人才拱手让人了。

其实，我们都避免不了以貌取人的习惯，看着一个人的外貌久了，就会不由自主地产生感情，这也是有心理因素在作祟。列夫·托尔斯泰笔下的安娜·卡列尼娜，在她对卡列宁钟情时，觉得对方的一切都那么美好，甚至连他耳朵上的那颗痣也显得那么协调，不可缺少。但当她对卡列宁生厌时，就觉得对方的一切都那么丑恶，而耳朵上那颗痣则特别刺眼、恶心。这种心理反应，就是我们所说的晕轮效应在作祟。

我们在交往过程中，如果某人给我们留下特别突出、特别好的第一印象，就会掩盖我们对他的其他品质和特点的正确了解。孤立地以貌取人、以才取人、以某一言行取人，以某一长处或短处取人，都属晕轮效应，是不正确的知觉。

从前有一个大富翁，嗜酒如命。有一天他要去办一件非他去不可的事，可是他又担心仆人趁他不在的时候偷吃东西，或偷喝他的美酒。当然，富翁已经特别小心提防，他挑选的这个仆人长得一副呆头呆脑的模样，照理说不会太狡猾，也不懂得偷东西吃或找借口。虽然这样，但富翁还是小心翼翼，对仆人特别地不放心。

那个富翁临出门之前对仆人交代说："你留下来看管房子。厨房里挂着一块猪肉，要看好，不要去动它。厨房旁边还有一只鸡，也不要去惹它。这些都要照顾好，不要让猫狗跑进来偷吃，"他又说："那边有一个密封起来的瓮，里边装的是老鼠药，无论怎样都不能去碰它!"

然而，那个富翁刚走没多长时间，仆人便把猪肉拿下来烤，吃个精光。接着又把鸡杀来吃，同时还一边喝着酒! 仆人酒足饭饱之后，觉得十分痛快，便醉醺醺地躺在沙发上呼呼大睡起来。

等富翁回来之后，看到仆人躺在沙发上睡觉，满身酒味，而且睡觉时还把鸡骨头踢得到处都是，于是便叫醒他，问道："喂! 我的鸡和猪肉到哪里去了? 还有我的酒……我是说，那边那瓮毒药到底怎么回事?"那个仆人开始号啕大哭，跪在地上说："主人请饶了我! 我确实遵照了您的吩咐，尽力看管您的房子和所有东西。可是很不幸，有一只小猫跑过来，爬上厨房的屋顶，把那块猪肉叼去吃掉了。狗看到猫的举动后，也有样学样地把鸡咬到外面吃了。我很担心主人回来后会骂我或把我杀了，因此我就把那瓮毒药喝下去，可是怎么到现在还活得好好的呢?"

由此可见，这个仆人虽然外表老实，但其实并非老实之人。

所以，我们在与人交往的时候一定要小心，不要以貌取人，因为有些人尽管看起来笨笨的，但其实并不笨；有些人外表看起来很甜，却不见得如此。我们要看他们做事的方式和结果，才能从内在了解他们，不要光凭外表就断定一个人的好坏。

察言观行，揣摩对方的心意

人们的意见、观点一致时，彼此就会互相肯定；反之，就会相互否定。要想赢得别人的赏识，就要先细细揣摩他的喜好，然后尽量迎合他，

满足他的欲望。有些人，特别注意研究别人的喜好，凡事还能够抢先一步，将别人想说而未说的话先说了，想办而未办的事先办了，表现出极大的主动性，他们往往是人际交往中的高手。

湘军中的李续宾是曾国藩手下爱将，他之所以受曾国藩器重，很大一部分原因在于他善于察言观色，能揣摩曾国藩的意图。

一次，曾国藩召集众将议事，谈到当时的军事形势时，曾国藩说："诸位都知道，洪秀全是从长江上游东下而占据江宁的，故江宁上游乃其气运之所在。现在湖北、江西均被我收复，仅存皖省，若皖省克服——"

此时，李续宾早已明白曾国藩的意图，趁势插话说："大帅的意思是要我们进兵安徽？"

"对！"曾国藩赞赏地看了李续宾一眼，说道，"续宾说得很对，看来你平日对此已有思考。为将者，踏营攻寨，计算路程尚在其次，重要的是要胸有全局，规划宏远，这才是大将之才。续宾在这点上，比诸位要略胜一筹。"

李续宾一句话赢得了这么高的赞扬，实在是高明之举。作为曾国藩的心腹爱将，李续宾特别善于表现自己，能给曾国藩挣面子，因此，他既保住了自己被赏识和重用的地位，又平了众人不服的口实。其实，与其说李续宾"平日对此已有思考"，不如说他平日仅仅围绕曾国藩关心的敏感点进行了思考，因此才能把握上司意图，在办事思路方面超过其他人。

有时候，看到别人尤其是上司身处尴尬境地、不好脱身时，聪明的人就会巧设台阶，消除尴尬。

慈禧爱看京戏，常以小恩小惠恩赐艺人一点东西。一次，她看完著名演员杨小楼的戏后，把他召到眼前，指着满桌子的糕点说："这些赐给你，带回去吧！"

杨小楼叩头谢恩，他不想要糕点，便壮着胆子说："叩谢老佛爷，这些尊贵之物，奴才不敢领，请……另外恩赐点……"

"要什么？"慈禧心里高兴，并未发怒。

杨小楼又叩谢说："老佛爷洪福齐天，不知可否赐个'福'字给奴才。"

慈禧听了，一高兴，便吩咐人捧来笔墨纸砚。慈禧举笔一挥，就写了一个福字。

站在一旁的小王爷，看了慈禧写的字，悄悄地说："福字是'示'字旁，不是'衣'字旁！"杨小楼一看，这字写错了，若拿回去必遭人议论，不拿回去也不好，慈禧一怒，自己就会人头难保。要也不是，不要也不是，他一时急得直冒冷汗。

气氛一下子紧张起来，慈禧太后也觉得挺不好意思，既不想让杨小楼拿去错字，又不好意思再要过来。

旁边的李莲英脑子一动，笑呵呵地说："老佛爷之福，比世上任何人都要多出一'点'呀！"

杨小楼一听，脑筋转过弯来，连忙叩首道："老佛爷福多，这万人之上之福，奴才怎么敢领呢！"慈禧正为下不来台而发愁，听这么一说，急忙顺水推舟，笑道："好吧，改天再赐你吧！"就这样，李莲英为二人解脱了窘境。

姑且不论其人品，这样善解人意、机智灵敏的人怎能不得到赏识？

无论是明君还是昏君，其周围都会有一班精干拍马的臣子。他们深知主上的喜厌好恶，不论政治风暴如何强劲，他们总会化险为夷，跨越两个朝代的封伦便是这样的"英雄"人物。

封伦本是隋朝的大臣，隋朝开国不久，隋文帝命令宰相杨素负责修建宫殿，杨素任命封伦为土木监，将整个工程全交给他主持，他不惜民力，穷奢极侈，将一所宫殿修得豪华无比。那个一向以节俭自我标榜的隋文帝一见不由得大怒，骂道："杨素这老东西存心不良，耗费了大量人力物力，将宫殿修得这么华丽，这不是让老百姓骂我吗？"

杨素害怕因这件事而丢了乌纱帽，忙向封伦商量对策，封伦却胸有

成竹地安慰杨素道："宰相别着急，等皇后一来，必定对你大加褒奖。"

第二天，杨素被召入新宫殿，皇后独孤氏果然夸赞他道："宰相知道我们夫妻年纪大了，也没有什么开心的事了，所以下工夫将这所宫殿装饰了一番，这种孝心真令我感动!"

封伦的话果然应验了。杨素对他料事如神很觉得惊异，从宫里回来后便问他："你怎么会估计到这一点?"

封伦不慌不忙地说："皇上自然是天性节俭，所以一见着宫殿便会发脾气，可他事事处处总听皇后的，皇后是个妇道人家，什么都贪图个华贵漂亮，只要皇后欢喜，皇上的意见也必然会改变，所以我估计不会出问题。"

杨素也算得上是个老谋深算的人物了，对此也不能不叹服道："封伦揣摩之才，非我所能及也!"从此对封伦另眼看待，并多次指着宰相的交椅说："封郎必定会占据我这个位置!"

可还没等封伦爬上宰相之位，隋朝便灭亡了，他归顺了唐朝，他又要揣摩新的主子了。有一次，他随唐高祖李渊出游，途经秦始皇的墓地。这座连绵数十里、地上地下建筑极为宏伟，墓中随葬珍宝极为丰富的著名陵园，经过楚汉战争之后，破坏殆尽，只剩下残砖碎瓦。李渊不禁十分感慨，对封伦说："古代帝王，耗尽国家的人力财力，大肆营建陵园，有什么益处!"

封伦一听这话，明白了李渊是不赞同厚葬的，这个曾以建筑穷奢极侈而自鸣得意的家伙立刻便换了一副面孔，迎合道："上行下效，影响了一代又一代的风气。自秦汉两朝帝王实行厚葬，朝中百官、黎民百姓竞相效仿，古代坟墓，凡是里面埋藏有众多珍宝的，都很快被人盗掘。若是人死而无知，厚葬全都是白白地浪费；倘若人死而有知，被人挖掘，难道不痛心吗?"

李渊称赞他说得太好了，对他说："从今以后，自上至下，全都实行薄葬。"

一个真正称得上大师级的"蛔虫"，不但要了解所要献媚的对象的心理、秉性、好恶，还要了解他所处的环境及人事关系。这样，不只能做到先行一步，还能做到棋高一着。封伦为隋文帝修宫殿，表面上看是没有揣摩到圣意，其实，他知道，真正当家做主的是皇后，他从皇后那里入手，连皇帝都得被牵着鼻子走，这才是真正的揣摩高手！

通过表情判断对方的性格

每个人都有一副独特而不容混淆的面相，而在这些独特的面相中，隐藏着各种各样的表情，而表情是情绪的外部表现，是由躯体神经系统支配的骨骼运动，是感情活动的外显行为，反映的是人的心理。

表情是无声的语言。当人们交往时，不管是否面对面，都会下意识地表达各自的情绪，与此同时也注视着对方脸部的各种表情。而在几乎所有的生物中，人的脸部表情是最丰富，也是最复杂的。据统计，人的面部所能做出的表情多达 25 万种之多。正是这些丰富的脸部表情使得人们的社交变得复杂而又细腻深刻。

通过一个人平常说话伴随着的表情，也能大致推测一下这个人属于什么性格。说话时眉飞色舞、表情丰富的人可能感情丰富，乐天活泼，热情大方，属于性情中人，情绪波动较大，好动不好静，对事情会全力付出，不计后果，但一旦遇到挫折很容易失望或沮丧。而说话不动声色的人，城府较深，喜怒不形于色，深刻稳重，通常较为理性，对待事物能够冷静主动，分析问题比较全面，有很好的计划性。

其实在很多情况下，如果你不经过相当程度地对人们内心活动的研究，并不容易探视出对方的真实心理。但在高明者看来，简直不费吹灰之力，他们认为每个人的脸上都挂着一张反映自己生理和精神状态的"海报"。狄德罗在他的《绘画论》一书中说过："一个人……他心灵的每一个活动都表现在他的脸上，刻画得很清晰、很明显。"在中华五千年的历史长河中，不乏这种高手。淳于髡就是其中一位。

梁惠王雄心勃勃，广纳天下贤才。有人多次向他推荐淳于髡，因此，梁惠王频频召见淳于髡，每一次都屏退左右与他倾心密谈。但前两次淳于髡都沉默不语，弄得梁惠王很难堪。事后梁惠王责问推荐人："你说淳于髡有管仲、晏婴的才能，我怎么没有看出来，他只是沉默不语，我看你是言过其实。"

推荐人以此言问淳于髡，他听了只是笑笑，回答道："确实如此，前两次我都沉默不语，但我不是故意的，而是另有原因。我也很想和梁惠王倾心交谈。但第一次，梁惠王脸上有驱驰之色，想着驱驰奔跑一类的娱乐之事，所以我就没说话。第二次，我见他脸上有享乐之色，是想着声色一类的娱乐之事，所以我也没有说话。"推荐人将此话告诉梁惠王，梁惠王回忆当时的情景，果然不出淳于髡所言。至此他不禁佩服淳于髡的识人之能，也终于相信推荐人所言，开始重用淳于髡。

淳于髡正是利用梁惠王的面部表情洞察了他心里的想法，也就因为这样赢得了梁惠王的尊重和佩服。你若能深谙此理，在人际交往中也就能无往而不胜。

而 1912 年诺贝尔获得者、法国生物学家科瑞尔在他的《人，神秘莫测者》一书中论述道："我们会见到许多陌生的面孔，这些面孔反映出了人们的心理状态，而且随着年龄的增长，反映得将越来越清楚。脸就像一台展示我们人的感情、欲望、希冀等一切内心活动的显示器。"面对这样的显示器，其实大家内心的活动都显示出来了，就看你有没有本事，一眼看穿。

美国心理学家拜亚曾经作过一项实验：他让一些人表现愤怒、恐怖、诱惑、无动于衷、悲伤、幸福六种表情，再将这些录制后的表情放映给人看，让他们猜何种表情代表何种感情，结果让人大吃一惊：猜对的平均不到两种。这说明虽然表情对揭示性格在很大程度上有一定的可取性，况且表情对于语言来说更能传递一个人的内心动向，但要在瞬间通过表情看破人心，实属不易。

狐狸为躲避猎人四处逃窜，看见不远处有一个伐木人，便上前请求伐木人把他藏起来。伐木人叫狐狸到他茅屋里去躲着。过了不久，猎人赶到了，问伐木人看见狐狸没有。伐木人一面嘴里说没看见，一面挤眉弄眼地使眼色，暗示狐狸藏在什么地方。但是，猎人没有注意到他的眼色，却相信了他的话。

狐狸见猎人走了，便从茅屋里出来，不打招呼就要走。伐木人责备狐狸，说他保全了性命，却连一点谢意都不表示。狐狸回答说："假如你的表情和你的语言是一致的，我就该感谢你了。"

人们在生活中无声无息地学会了好多手段来掩饰自己的内心，也知道了在何种情况该掩饰什么样的表情，比如说在生意场上，最主要的就是要掩饰急躁、不耐烦的表情，如果你一旦被对方窥破，将会被认为你根本就没有诚心跟对方合作，因此你的信誉度将受到严重的伤害，可谁知道你仅仅是想早点结束谈生意去参加宴会。

因此在许多时候，人们都会"面无表情"地跟你对话、交流，轻易不肯露出自己的想法，通常这么做有三个理由：一种是敢怒不敢言，另一种是漠不关心，第三种是根本没有放心里去。也有可能结果正好是相反，只是对方不愿让你看出来而已。

这就是脸上的表情跟内心的情绪正好相反，原因是人在潜意识里不愿让对方看出自己的心理变化，所以会以其他表情来阻止情感的"外泄"，隐瞒自己的喜怒哀乐。这并不是说这些表情不能从脸部表现出来，而是真那么做的话，将会严重地影响正常的社会活动。最明显的例子就

是和对方探讨学术问题，双方观点不统一，如果这时你把个人情绪加进去，探讨的结果一定很糟糕，不是翻脸就是成死对头。

表情是人生来就会运用的：小孩子哇哇大哭，代表他不舒服；哈哈大笑又说明他高兴快乐。伴随着年龄的增大，人的表情越来越丰富，所起的作用也越来越大。将语言和表情正确的配合，才能达到理想的沟通效果。而把对语言的分析和对表情的观察结合起来，才能洞察对方内心的隐秘，不被言语所欺骗。

用言语试探能看出对方内心的反应

有时候与人交往的过程，就像是摸着石头过河，你不清楚下一步该在哪里，也不知道结果如何，只能找出各种方法来试探对方，看对方的反应再作出决定，千万不能贸然行事，一时冲动很容易埋下祸根。

东北易帜后，张学良曾积极支持蒋介石用武力统一中国，并在中原大战中给蒋以关键性的支持。然而正是这个蒋介石，在日寇大兵压境下，严令他对日不准抵抗，先是失去东北三省，后又丢掉热河，还代蒋受过，被迫"下野"出国"考察"。1934 年回国后，蒋介石又命令他率东北军先到鄂豫皖"剿共"，后又到陕甘"围剿"红军。两次"剿共"使张学良损失了几个师，蒋不仅不体恤，反而顺势取消了东北军两个师的编制。蒋用打内战来消灭异己使张学良悔恨不已。

1936 年 10 月 22 日，蒋介石在西安分别召见张学良和杨虎城，胁迫他们攻打红军。张、杨表示应联共抗日，即遭蒋呵斥。蒋介石还将嫡系部队约 30 个师调到以郑州为中心的平汉、陇海铁路沿线，随时准备进攻

陕甘的红军。同年 10 月 27 日，蒋在西安向军官训练团和东北军、十七路军部分军官训话，说："我们最近的敌人是共产党，为害也最急；日本离我们很远，为害尚缓……不积极剿共而轻言抗日，便是是非不明，前后倒置，便不是革命。"在这之后又发生了蒋介石逮捕沈钧儒、章乃器等爱国人士的"七君子事件"。

蒋介石不顾民族危亡，顽固坚持"剿共"和打击抗日民主力量的恶劣行径，使张学良和杨虎城两位将军痛心疾首。

1936 年 12 月 4 日，蒋介石又飞到西安，再次严令张、杨开赴陕北"剿共"，并由中央军在后督战。如他们不愿去，便将东北军调到福建，将十七路军调到安徽，由中央军接替赴陕甘"剿共"。12 月 7 日，张学良再次去说服蒋介石放弃"剿共"，团结抗战。回顾东北三省丢失，华北又在日寇虎视之下，张学良声泪俱下。然而蒋介石竟拍桌子道："现在你就是拿枪把我打死，我的剿共计划也不能改变！"

在这样的形势下，张学良和杨虎城频繁晤面，都有心对蒋介石发难。可对于这样一个关系到身家性命和国家前途的大事，在对方亮明态度之前，谁也不敢轻易开门。眼看形势越来越紧迫，双方却是欲说还休。

杨虎城手下有个著名的共产党员叫王炳南，张学良也认识。在又一次的晤面中，杨虎城便托他之口说道："王炳南是个激进分子，他主张扣留蒋介石！"张学良马上接口道："我看这也不失为一个办法。"于是两个聪明的将军开始商谈行动计划。

当时，张学良的实力比杨虎城大得多，且又是蒋介石的拜把子兄弟。杨虎城如果直接把自己的观点摆在张学良的面前，而张学良又不赞同，后果实在堪忧。于是便借了不在场的第三者之口传出心声，即使不成也可全身而退，另谋他策。这么做，兼有拉"挡箭牌"的自保功用，妙不可言。

在这样的试探的帮助下，西安事变得以上演。1936 年 12 月 12 日，张学良、杨虎城在华清池武装扣留蒋介石，囚禁陈诚等十余人；宣布取

消"西北剿匪总部",成立抗日联军西北临时军事委员会,张学良、杨虎城任正副委员长;并通电全国,提出改组南京政府,停止内战,共同抗日,实行民主政治。后经各方谈判,终于使得蒋介石改变了"攘外必先安内"的政策,从此中华民族得以团结在一起,一致抗日。

可以说,正是杨虎城的试探成全了张学良的千古功名。如果杨虎城不试探的话,贸然行事,就很容易掉进别人设的迷局之中。

试探别人不管用什么方法,都要在不知不觉中进行。或者是一言一语、一举一动中观察其深意。再精细一点的,就设下一个局,看看对方最真切的想法到底是什么。平静的情况下,即便有些人心里确实怀着鬼胎,也不会表露出来;可是,比如在醉酒的情况下,就容易酒后吐真言,或者在危急的时刻,也会为了自己的利益殊死搏斗。创造一些场景,看到平时看不到的另一面,也是试探的好方法。

楚成王打算立商臣为太子时,就此事征求令尹子上的意见,子上说:"君王您现在年轻,又有这么多宠妾。如果现在立商臣为太子,以后又想另立您宠爱的妃妾生的儿子,再废黜商臣时,可能就会引起内乱。以前楚国立太子,常常立年轻人,何况商臣这人,有着黄风一样的眼睛,豺狼一般的声音,是个残忍的人,不能立他为太子。"但楚成王并没有采纳这个意见。

到了鲁文公元年,楚成王想废掉商臣,改立王子职为太子。商臣听说这件事,拿不定注意,就去问他的老师潘崇:"如何才能了解这件事的真伪呢?"

潘崇说:"您宴请成王的妹妹江,席间故意对她不尊重,激她说出真相。"

商臣采纳了潘崇的建议。果然,江在席上怒声大骂:"好啊,你这个卑贱的东西,难怪君王想废掉你,改立王子职为太子。"

商臣就这样试探出了实情,后来率领东宫守卫包围了成王的宫殿。逼着父亲上吊自杀,做了国君。

精明的人，在采取重大行动之前，一定不会贸然行动，他们会先试探各方面的反应。因为通过试探识得真情，才能使自己避免陷入迷局之中。当然，试探本身也包含暗示，让对方明白自己的意图，看看对方的反应态度。有目的地进行试探，分析收到的反馈信息，自然可以识别他人的真实意图和想法。当然，你的试探最好做到浑然天成，别让对方看出你的有意试探，否则会弄巧成拙。

第四章

透过习惯洞察他人心理

第五章　左右逢源轻松应对职场

　　有人说，职场如战场，身在职场，我们总会面临种种波折与挑战，和同事之间，和上司之间，和客户之间……因此，"经营"人心是一门大学问：该怎么对待上级？该怎么对待同事？该如何对待下属？人心是一把双刃剑，经营好了便可为你披荆斩棘，使你一路畅通；经营不善便会给你设置重重障碍，成为你前行的拦路虎。

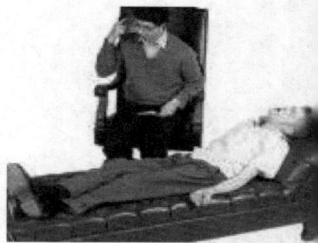

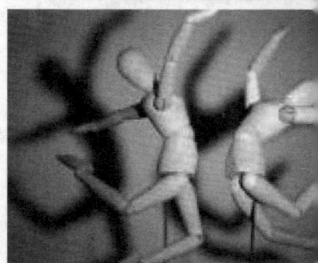

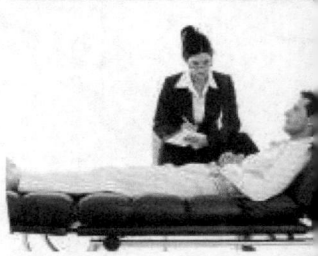

掌握原则，巧对上司

上司，不管是职权还是地位都高高在上。现代人在社交生活中，如果能与自己的上司处好关系，做事总能对上上司的心思，必将成为自己发展的坚实基础，有助于事业的成功。

上司就是上司，如果你没有摆正自己的位置，没有注意到自己作为下属的地位，让上司感觉到不爽，那么麻烦就来了。不要随便和人开黑色玩笑，尤其是你的上司，尽管它只是一个玩笑而已，也是开不得的。

小艾是某公司的报关员，更是个聪明的女孩子。她脑子转得快、言辞犀利，并且还具有幽默细胞，是公司的一颗"开心果"。可是这么优秀的小艾，在公司里却得不到老板的青睐。

小艾工作相当努力，有时为了赶时间，一大清早就要赶到海关报关。满身疲惫地回到办公室，老板不但不体谅她，反而还不断地不分青红皂白地说她迟到、旷工，不管小艾作怎样的解释都不行。小艾委屈极了，就向有经验的人求救。有经验的人问她："你平时是否在言辞上有对老板不敬啊？"

这么一问，小艾就想起了以前的事情，自己平时就爱与同事开玩笑，后来看到老板斯斯文文，对公司里的员工总是笑眯眯的，胆子一大，就开起了老板的玩笑。有一天，老板一身簇新的来上班，灰西装、灰衬衫、灰裤子、灰领带。小艾夸张地大叫一声："老板，今天穿新衣服了！"老板听了咧嘴一笑，还未来得及品味喜悦的感觉，小艾就又接着说了一句让老板十分不爱听的话："像只灰耗子！"

又有一天，客户来找老板签字，连连夸奖老板："您的签名可真气派!"这时，小艾正好走进办公室，听了之后便是一阵坏笑："能不气派吗？我们老板暗地里练习了三个月呢?"小艾这句话说出口之后，老板和客户便同时陷入了尴尬的局面。

小艾真是太傻了，开玩笑确实可以拉近同事间的距离，缓和人际关系，但如果开玩笑开得过大，就不是普通的玩笑了，就有了揭短的嫌疑，就变成了"黑色玩笑"。"黑色玩笑"对人际关系的破坏力相当大，小艾对此却浑然不觉，就算她再聪明能干，还是得不到重用。

在生活中，喜欢开黑色玩笑的人一定是热衷于挑刺儿的人，这类人常被视为"刻薄"，比较容易引起别人的反感。同事或许会笑过就算了，但冒犯老板尊严的后果是相当严重的。如果想在老板面前留下好印象，就应该努力克服自己的人性弱点，学会宽容，学会发掘别人的优点，慢慢改变"刻薄"的形象，少一些对别人短处的挖苦，多一些巧妙的赞扬。

要处理好与上司的关系，首先要把握以下几条原则：

1.自己努力工作，还要上司赏识。

2.与上司相处最重要的是尊重主管人员的职权。在他没作主张之前，有什么意见和建议尽管提出；一旦他拿定主意，你就不要再争议。

3.不卑不亢是起码的态度。别千方百计地讨好上司，更不要牺牲同事来博取上司的欢心。

4.最得上司欢心的还是工作中的表现。你工作有成绩，他也有一份功劳，你与上司处得越好，干得越起劲；你帮他把事情办得越好，自己的前途也越光明。

5.对上司应以诚相待，如果在业务上有两位以上的上司，你必须认清谁是你的主管，应将有关业务问题向他请示，获得他的信任与支持。

6.在上司面前，要常常称道他人的才干，以促进上下级关系。一个精明的领导，是不乐意别人在他面前搬弄是非的。

7.不要经常打扰上司，小事不必事事请示，有些事情等到有圆满的结果时再向上司报告。这样可以加深上司对你的良好印象。

8.要使上司了解情况，这点最重要。上司要订计划，作主张，不可对上司隐瞒情况，无论好的或坏的消息，都要及时报告。

9.即使上司十分信任你，也应遵纪守法，不能独断专行。否则，就会侵犯上司的职权或占夺同事的功劳。

做好以上几点，上司就一定会发现你，会把你当做一个人才来重视，就会主动与你结交，你会成为上司最信赖的人，最后你将受到重用。但仅仅做到这些还不够。工作中，作为领导下属的人，你得清楚你的老板是哪类人，方能因人而异、因地制宜。

怎样才能与各种上司打好交道？其实与他们搞好关系并不难，关键是要留点"心眼"，想一想他们各自的特点，对症下药就可以了。

第一，遇到冷静的上司，不要自作主张

如果遇到冷静的上司，那么对于一切工作计划，你只需要提供意见，不要自作主张，等到决定之后，你只要负责执行就行。

至于执行的经过，必须有详细记载，即使是极细微的地方，也不能有所疏忽，这种一丝不苟的精神、详细记载的报告，正是他所喜欢的。但执行中所遇到的困难，你最好能自行解决，不必请示。

随机应变原非他所长，多去请示反易贻误，做好事后用口头报告当时是如何应付的，他就会很高兴。但要注意的是，即使口头报告，也要力求避免夸张的口气。虽然当时的确十分难办，也要以平静的口气，轻描淡写为好，如此反而更可能表现你的应变本领。

第二，与热情的上司打交道，采取不即不离的方式

如果遇到热情的上司，他对你表示特别的好感时，不要完全相信而认为是相见恨晚，必须明白他的热情并不会持久，要保持受宠不惊的常态，采取不即不离的方式。"不即"可使他热情上升的走势得以缓和，不致在短时间内达到顶点，同时延长了彼此亲热的时间；"不离"可使他不感失望。"君子之交淡如水"，对于热情的上司，最好就是用这种办

第五章

左右逢源轻松应对职场

法。如果你有所主张或建议，也要用"零卖"的方法，而不要"批发整售"，如此才能使他对你时时都感到新鲜。对于他所提的办法，你认为对的，赶快去做，否则夜长梦多，过了时候他会反悔的；你认为不对的，不必当面争辩，只要口头接受，手中不动，过些时间他自知不妥就不再提起了。

第三，与豪爽的上司打交道，要突出自己的能力

如果你遇到的是豪爽的上司，那真是值得庆幸。只要善于利用你的能力，表现出过人的工作成绩，绝对不会没有发展的机会。你的机会未到时，仍很愉快地工作，并做得又快又好。这表示你有游刃有余的能力。同时还要随处留心眼，一旦发现可以异军突起的机会，就要好好把握。切记所计划的一切要十分周详，然后伺机提出，只要一经采用便可脱颖而出。意见被采用，表示你有说服力，若再委托你来执行，更足以说明你的能力已被肯定。

第四，与傲慢的上司打交道，要谨守岗位

你的上司如果是个傲慢的人物，与其向他取宠献媚，自污人格，不如谨守岗位，落落寡合。这样，他虽然傲慢，但为自己的事业考虑，也不会只亲近那些势利的小人，完全排斥求功的君子。一有机会，你就该表现出你独特的本领，只要你是个人才，不愁他不对你另眼相看。

第五，与阴险的上司打交道，要小心谨慎

阴险的人，城府极深，对不如意事，好施报复；对不如意人，设法铲除。阴险的人绝不会采用直接报复的手段，而总是使用计谋。如果你的上司，不幸就是这种人的话，你只有如临深渊，如履薄冰，兢兢业业，一切唯上司的马首是瞻，卖尽你的力，隐藏你的智。卖力易得其欢心，隐智易使其轻你，轻你自不会防你，轻你自不会忌你。如此一来，或许倒可以相安无事。像这种地方原就不是好的久居之所，如果希望有所表现的话，劝你还是从速作远走高飞的打算。

与上司处好关系，就是在为你的前途奠定基础，也是你人生成功的第一步，需慎重对待。

巧"和稀泥"，游刃有余

"好好先生"这个词从一产生似乎就带着贬义的色彩，一听到这个评价，人们就会在脑子里出现这么一幅景象：一个好好先生，满脸笑容地对辩论的双方做出一种公允之态，既不说甲错，也不说乙错。反而提出一大通理论，说明甲对乙也对。于是辩论停止，而真理也始终没有出现。这一通动作，就叫和稀泥，这样的人，也叫做和事老。

人们总是觉得和事老混淆黑白，没有坚持原则，埋没了真理。可是换个角度来想，到底又有多少事情是非要弄得泾渭分明，非要排列出"甲方乙方"呢？现代社会早已不需要我们时刻站对位置，选好队伍了，不管是哪一面旗帜下，终极目的就是要把事情做好，把大家的关系处好。如果为了一些小事争得你高我低，岂不伤了和气？

1953 年，周恩来总理率中国政府代表团慰问驻旅大的苏军。在我方举行的招待宴会上，一名苏军中尉翻译总理讲话时，译错了一个地方。我方代表团的一位同志当场作了纠正。这使总理感到很意外，也使在场的苏联驻军司令大为恼火。因为部下在这种场合的失误使司令有些丢面子，他马上走过去，要撕下中尉的肩章和领章。宴会厅里的气氛顿时显得非常紧张。

这时，周总理及时地为对方提供了一个"台阶"，他温和地说："两国语言要做到恰到好处地翻译是很不容易的，也可能是我讲得不够完善。"并慢慢重述了被译错了的那段话，让翻译仔细听清，并准确地翻译出来，缓解了紧张的气氛。总理讲完话在同苏军将领、英雄模范干杯时，

还特地同翻译单独干杯。苏联驻军司令和其他将领看到这一景象，在干杯时眼里都含着热泪，那位翻译被感动得举着杯久久不放。

周恩来总理对苏联翻译的失误非但没有责怪，还妙打圆场，把责任揽到自己的身上，缓解了当时尴尬的场面，帮助对方挽回了面子。和一下稀泥，气氛缓和了，也避免了因为小插曲而影响正常的工作和重大的事情。

凡事都是当局者迷，旁观者清，两个人像狭路相逢的螃蟹，非要掐起来分解不开，这时候如果能有一个旁观者从中分解，就能避免小事惹出大祸。这样的和事老，或许应该换个名字叫做"和平使者"。

清朝末年，陈树屏出任江夏知县。当时张之洞在湖北做督抚，张之洞与抚军谭继询关系不和，但陈树屏常能巧妙处理，一头也不得罪。

有一天，陈树屏在黄鹤楼宴请张、谭二人及其他官员。做客的人里有谈到江面宽窄问题，谭继询说是五里三分，张之洞却故意说是七里三分，双方争执不下，谁也不肯丢自己的面子，宴席上的气氛顿时紧张起来。

陈树屏知道他们是借题发挥，对两个人这样胡闹很不满，也很看不起，但是又怕扫了众兴。

他灵机一动，从容不迫地拱拱手，言辞谦虚地说："江面水涨就宽到七里三分，而落潮时便是五里三分。张督抚是指涨潮而言，而抚军大人是指落潮而言。两位大人都没有说错，这有何可怀疑的呢?"

张之洞和谭继询本来就是信口胡说，接下来由于争辩下不了台阶，听了陈树屏的这个有趣的圆场，自然无话可说了。

众人一起拍掌大笑，争论便不了了之。

陈树屏打圆场的技术很高明，他充当和事老，和稀泥、打圆场的核心就是：调解纠纷，化解矛盾，避免尴尬，打破僵局。别人露丑了主动打打圆场，为人救场；他人陷入窘境，主动解围，去给他找个台阶让他下得了台。和了这样的"稀泥"，避免了大家不欢而散，又有什么不好呢？

寇恂和贾复同为东汉光武帝刘秀的得力大臣。贾复曾有一个部将在颖川杀了人。颖川郡太守寇恂把这位部将逮捕，囚入监狱。当时天下还在混乱时期，东汉政权刚刚建立不久，军人犯法，无论是杀人还是抢劫，都认为是件小事，往往互相包容掩饰而无人过问。这次，寇恂最后竟把那位犯法的部将绑到街头斩首示众。

建武二年，刘秀命令大将贾复南下攻击召陵、新息等地，不久大获全胜，全部夺取了这两个地方。时过不久，大军班师，路过颖川时，贾复对他的左右恨恨地说："我同寇恂同为皇上手下的将帅级高官，而部下犯罪他竟不留情面，被他欺侮。这次从颖川经过，我看到他，一定叫他吃我一剑。"

寇恂知道贾复凶暴，根本不打算跟他见面。寇恂姐姐的儿子谷崇说："我是一员武将，可以携带武器在身边保护您，若真的有个仓促之变，足可以一较短长。"寇恂说："不必要。从前，赵国的蔺相如不在乎秦国国王的强横，而面羞秦王，完璧归赵，但他却能屈服于本国的大将廉颇，为什么呢？不外乎是为了国家的大局啊。"当然，寇恂也明白还是要想点办法。于是他下令所属各县，准备丰盛供应和上等美酒。一旦贾复的军队进入本郡，每个人都要保证有双份饮食。

贾复的军队前锋进入颖川郡境内之后，寇恂在道旁迎接，然后声称有病，先行回到城里。贾复下令军队备战，而将领们早已沉醉，也只好怒冲冲过境而去。

这时，寇恂已派谷崇到首都洛阳奏报皇帝。刘秀急命征召寇恂。

刘秀接见寇恂时，贾复正在刘秀那里。他一听说寇恂来到，便要起身躲避。刘秀叫住了贾复，和颜悦色地对两个人说："现在天下还没有平定下来，你们这两只虎怎么可以自己先在窝里争斗起来呢？你们跟随我南征北战，东杀西讨，都为了什么呢？不就是为了让社会安稳，恢复汉朝一统江山，而我们自己也为子孙后代建功立业和造福吗？这说明我

们的目标是完全一致的嘛。而且，这个大目标的实现，只靠我们中的任何一个人都不可能，要靠大家，要靠大家齐心协力、同心同德去奋斗。今天，我出面给你们调解一下。你们都是我的股肱之臣，希望你们能互相谅解，团结在一起，共同去对付我们的敌人。"

贾复见皇帝亲自出面做了和事老，也不好再固执下去。于是贾复、寇恂两人并肩而坐，同刘秀一起，边交谈，边饮宴，边观赏乐舞。尔后，贾、寇二人同乘一辆车子而出，结成了好友。

想想我们的工作和生活，其实没那么黑白分明，也没有那么多是非对错。如果事事较真儿，难免会让自己身心俱疲，还没有好的结果。与其这样，不如当个好好先生，当个和事老，小事糊涂一下又何妨？大家乐和，关系处好了，还有什么办不成的呢？

融洽相处，尊重他人

新人一进入职场，最怕遇到喜欢倚老卖老的同事，处处干涉、事事指导，无法好好施展自己的能力，总是被老同事牵制。会倚老卖老的同事，在组织里通常是年资够久、经验丰富，却升不上去的人。这样的人通常手中都握有筹码，才敢如此倚老卖老。他们确确实实有过人的技术技能，但可能因为缺乏领导的特质，或是开阔的视野，而未获得升迁。虽然不是领袖人物，但在实务操作上都称得上师傅甚至师爷级别，更可以称得上是部门的意见领袖，因而在团队里仍有根基很深的影响力。作为一个新人，对这种"老资格"要倍加尊重，才能减少自己的麻烦事儿。

小王来到这家公司已经有几个月了。根据他的观察，他所在部门的

同事老张年过四十，是个一丝不苟的人。早上谁迟到了五分钟，谁的办公桌没有打扫干净，他都一清二楚。这天，他慢条斯理地走近小王身边开口了："小王，你写的这份宣传资料我看了，你看看，标点符号用错了多少？这样的东西如果拿给总经理看，他对我们会是什么印象？标点符号跟汉字一样，是我们从小到大都在学的东西，这都用不好？……"老张滔滔不绝地批评着小王的用"标"不当，小王只有听着的份儿。

从那以后，小王做事分外小心。早上第一个到，下班最后一个走，写每一份资料都仔细斟酌，打每一个电话都用心揣摩，力求做到最好。久而久之，这样做的结果是，在几个一同进公司的年轻人当中，老张对小王特别欣赏，经常在业务上对他进行指点，小至一份合同的撰写，大至跟客户打交道的技巧。除此之外，老张对公司的一些人际关系也向他说明，避免小王无意中卷入"派系"斗争中去。

小王感叹：姜还是老的辣！如果自己自恃能力，大而化之，不愿意认真对待每一件小事，不把老员工放在眼里，那么倒霉的很可能是自己！

在每个公司里，都有老张这样的老员工存在，他们年纪相对较大，对公司忠诚，做事认真，严于律人律己，力求做到完美。这样的人对刚进公司的新员工抱有很高期望，希望新员工能够给公司带来新气象和活力，当新员工不能达到自己的要求时，他们往往"恨铁不成钢"。要想获得这种老员工的好感，不用奉承，不用套近乎，只要兢兢业业地做好自己的本职工作就行了！

人总是喜欢听好听的话，即使明白对方讲的是奉承话，心里还是免不了会沾沾自喜，这是人性的弱点。换句话说，一个人受到别人的赞美，决不会觉得厌恶，除非对方说得太离谱了。赞美是一种学问，其中的奥妙无穷，但最有效的赞美则是在第三者面前赞美对方。因为，当你直接赞美对方时，对方极可能认为那是应酬话、恭维话，目的只在于安慰自己罢了。若是通过第三者来传达，效果便截然不同。对于那些老资格、老员工，当面的赞美往往他们都会嗤之以鼻，你越赞美，他们越瞧不起

你，这时候，就要背后唱赞歌，博得他们的欢心。

有一位员工与同事们闲谈时，随意说了上司的几句好话："耿经理这人真不错，处事比较公正，对我的帮助很大，能够为这样的人做事，真是幸运。"这几句话很快就传到了耿经理的耳朵里，耿经理心里不由得有些欣慰和感激。而那位员工的形象，也在耿经理心里上升了。就连那些"传播者"在传达时，也忍不住对那位员工夸赞一番：这个人心胸开阔，人格高尚，难得。

背后说别人的好话，远比当面恭维别人说好话，效果要明显得多。不用担心好话白说了，我们在背后说他人的好话，是很容易就会传到对方耳朵里去的，而且也更安全，不容易被篡改。因为我们在背后说别人好话时，会被人认为是发自内心、不带私人动机的。其好处除了能给更多的人以榜样的激励作用外，还能使被说者在听到别人"传播"过来的好话后，更感到这种赞扬的真诚，从而在荣誉感获得满足时，还增强了上进心和对说好话者的信任感。

公司里往往还有一些"老资格"是只出工不出力的老油子，他们虽然德不高望不重，但在新人面前却异常地喜欢倚老卖老，他们很需要得到新人的尊重。如果在这一点上得不到满足，他们就会鄙夷新人，贬低新人的资质，恶意扭曲新人的成绩，破坏新人的名誉，成为新人在晋升路上的"拦路虎"。

老员工、老资格、老油条其实并不难相处，只要找准他们的"穴道"，即使是刚出道的初生牛犊们，也能与其融洽相处，迅速适应环境。尊重他们，成为他们的"自己人"，你就顺利地通过考验期，成了新的"老资格"了！

要有人情味，让忠言不再逆耳

金无足赤，人无完人。谁都可能做错事，领导不例外，专家也不例外。遇到这种情况，下属们自然应该尽职尽责地将错误纠正过来。可是这时候一定要注意方法，千万不能不留面子、直言不讳，要给别人留点面子，委婉地进言，让忠言不逆耳。

说服自己靠心态，说服别人靠技巧。忠告本是对别人最佳的馈赠，也是最真诚的建议，可是偏偏很多忠告都似苦口良药，很难被人欣然接受，往往还会收到反效果。忠言作为真诚帮助他人的一种形式，它的初衷必须是善意的。既然是善意的，献言者就会想方设法把话说得让人容易接受，而逆耳之言恐怕就不好被人接受了。所以仅有"为别人好"的善意献言还不够，要使献言变成对方能接受的忠言，献言者就必须掌握"进言"的技巧，否则就会收到反效果。

一个衣冠楚楚的青年开着一辆豪华的宝马汽车兜风。车开到交叉口碰上了红灯，他趁机点燃了最后一支香烟，随手将空盒丢出车外。恰好一位妇女从车旁经过，捡起烟盒，走近汽车，笑容可掬地问道："先生，你这个烟盒不要了吗？"

那位青年似乎意识到自己的不文明行为，赶忙说："刚才不小心，烟盒掉了下来，谢谢你帮我捡起来。"说着把烟盒拿了回去，带着一份窘迫的神色匆忙开车走了。

在以上的说服中，那位妇女采用的是委婉含蓄的方式。她明明亲眼看见那位青年故意乱扔垃圾，但没有揭穿他，而是假装不知道，给他捡

起烟盒，让他认识到自己的错误行为。假如她直来直往，自以为打着正义的旗号去教训那位青年，恐怕那位青年非但听不进去，反而会骂她多管闲事。可见委婉含蓄是说服中的"高招"。

推而广之，我们在规劝和纠正别人的时候，先对对方所犯的错误加以谅解，要表示同情对方所犯的错误，使对方减少害怕，同时也减少羞愤之心，然后再用温和的方法把错误指出来，指正的话越少越好，避免对方陷于窘境，产生反感。如果可能的话，在纠正对方的同时，也要提出一些赞扬和肯定，这样对方觉得你的评论很中肯和公平，就容易心悦诚服。

吕某是一家公司新上任的部门经理。经过一段时间的观察，他发现许多员工经常迟到。一天，吕经理早早地来到公司，为他那个部门的每个员工买了份早餐。等员工都到齐了，他把早餐拿出来对大家说："各位，我知道你们工作很辛苦，由于时间的关系，来不及吃早点，我特意为大家买了早点，希望大家每天都记得吃早点。"

一开始所有员工都不知吕经理葫芦里卖的什么药，后来经公司有"迟到王"之称的小王提醒，大家才恍然大悟。终于明白吕经理的良苦用心，原来吕经理借"早点"来提醒大家上班早点儿，以后别再迟到了。从此以后，再也没有迟到的现象出现过。

在这里，吕经理巧妙地运用谐音词，说服员工以后别再迟到，不仅幽默风趣，而且委婉含蓄，更是体现了很浓的"人情味"，这种说服技巧不能不让人佩服。

无论你面对的是朋友，是同事，是亲人，还是一般的熟人，只要你是真的有意向对方献上忠言，那么就请你先把自己的情绪调整好，委婉一些说，你所献的忠言就一定不逆耳，还能收到理想的效果。忠言也可以带上一点幽默的色彩，这样有助于淡化其说教的基调，减少对方的排斥，也就更容易被对方听取了。

一对青年夫妻为了一点小事在户外吵了起来，先是相互抱怨，进而大吵大闹。两人谁也不让谁，眼看就要大动干戈了，这时隔壁的邻居李大叔，拿着一把雨伞走上前去，走到那对夫妻旁边，把雨伞撑开看着他俩吵架。这时那位青年停了下来，用惊奇的语气问："我说李大叔，这么好的天气你打把雨伞干吗？"

李大叔一本正经地说："当然是躲雨，刚才（你们脸上）乌云密布，（嘴里）雷声轰隆，待会肯定会下大雨。"

李大叔幽默的话语和滑稽的行为把那对夫妻逗得哈哈大笑，顿时火气消了下来，硝烟被幽默驱赶得无影无踪。由此可见，幽默在劝说中有着神奇的效果。试想一下，如果直截了当地对人家进行批评规劝，小两口肯定会说你是什么人啊？凭什么管我们家的事儿啊？两人肯定就一致对外，李大叔好人做不成，还得碰一鼻子灰。所以带上点幽默的色彩，对方听得进去最好，对方听不进去，就当说了一个不好笑的笑话，也不至于让自己陷入尴尬的境地。

这些都是劝说和忠言的外在包装。说到底，想规劝一个人还是因为心里在乎他、关心他。所以，不管用什么方式规劝进言，核心是让对方感受到你是在为他设身处地地着想，感受到你是为他好，这样才能让他坦然接受。

忠言不必逆耳，良药不必苦口，人们津津乐道的逆耳忠言、苦口良药，其实都是笨人的方法。硬碰硬有什么好处呢？说的人生气，听的人上火，最后伤了和气，好心变成了冷漠，友谊变成了仇恨。所以，有些话不能直接说，尤其是逆耳的忠告。当需要指出别人的错误的时候，不妨拐一个弯，用含蓄的方式来告诉对方，曲折地表达自己的意见和建议。

保持低调，不露锋芒

如果你很有才华，某些方面又有一技之长，请先不要急于露出锋芒。如果你只是以普通身份而不是领导身份到新单位去的，那就更不能锋芒太露。

一个人新到一个单位，就像一粒石子投入一潭平静的池水，往往会引人注目，一举一动，一言一行，都在别人的视野之中。你锋芒太露，又没有可靠的人际基础，就很有可能遭人反感。锋芒太露的表现主要有两种：一是动不动就提意见，发议论，出点子，想方设法要改变原有的运行机制。二是以自己看不惯、别人却早已习惯的事情进行批评和指责，经常以否定的姿态出现。这两种行为，在别人看来，都是为了显示自己的高明。你高明，就意味着别人的无能，这就难免陷入别人的非议之中。因此，即使你确实比别人高明，可以慢慢地、待人际关系基本协调后，再提出不迟。

欲速则不达，这是高明者的经验之谈。如果你事事都想极力表现自己，锋芒太露，注定不会有好的结局，看看下面这个故事就知道了。

小范毕业于上海某大学金融专业，毕业之后到一家国营大型企业担任销售助理一职，试用期6个月。

小范毕业以后和这家国有企业签订了试用期合同，销售助理这个职位让他觉得能够完全发挥自己的能力。在业务方面，小范完成得十分出色，一次业务谈判连老总都对他刮目相看。但令人意外的是，6个月试用期结束时，公司人事部门却委婉地告诉他："'五一'长假结束后，你不用来公司报到了。"

"现在想想，可能是表现得太好了，有些人际关系的问题没有注意，反而丢了工作。"丢掉工作后的小范向朋友说起这件事时只能这样苦笑。当时，通过层层面试进入单位，小范自然想好好表现，但是过犹不及。事后才知道，单位领导和同事对他的能力没有任何疑义，但是对于他的综合表现给予了四个字——"锋芒太露"。过于希望崭露头角，不注意处理人际关系，对于前辈和同事也不够尊重，这些都是小范的致命伤。更让领导和同事难以接受的是，对于他们的一些错误，以及单位某些制度上的不健全，小范都会毫不留情地提出，丝毫不注意情面。

对于自己的意外出局，小范无奈地表示，可能自己对社会关系怎样处理还不是很明白，想把事情做好结果却适得其反。"就拿那次谈判来说，我确实完成得很出色，但是后来觉得有些越俎代庖了。其实我只不过是个销售助理，很多事情还是应该让销售经理来处理和决定，我当时没有意识到。后来老总表扬了我，反而让我们经理脸上难看了。"虽然满肚子委屈，但小范也无可奈何，只得接受这个事实。

也许通过这件事会让他以后收敛一些自己的锋芒，毕竟，锋芒太露是会遭人嫉妒的。所以说，不管是在职场，还是在生活中，都要学会掩其锋芒，低调做人，学会深沉，学会深藏不露，这样，人生的道路才会少一些嫉妒的目光，少一些故意的陷害，才会多一些顺利，多一些和谐。

鹰王和鹰后打算在密林深处定居下来，于是就挑选了一棵又高又大枝繁叶茂的橡树，在最高的一根树枝上开始筑巢，准备夏天在这儿孵养后代。

鼹鼠听到这个消息，大着胆子向鹰王提出警告："这棵橡树可不是安全的住所，它的根几乎烂光了，随时都有倒掉的危险。你们最好不要在这儿筑巢。"

鹰王根本瞧不起鼹鼠的劝告，立刻动手筑巢，并且当天就把家搬了进去。不久，鹰后孵出了一窝可爱的小家伙。

一天早晨，正当太阳升起来的时候，外出打猎的鹰王带着丰盛的早餐飞回家来。然而，那棵橡树已经倒掉了，它的鹰后和它的子女都已经摔死了。

看见眼前的情景，鹰王悲痛不已，放声大哭道："为什么这么不公平，一只鼹鼠的警告竟会是这样准确！"

"轻视从下面来的忠告是愚蠢的，"谦恭的鼹鼠答道，"你想一想，我就在地底下打洞，和树根十分接近，树根是好是坏，有谁还会比我知道得更清楚呢？"

位高权重者往往以为自己见识得更广，分析能力更强，所以不屑于听取来自下面的人的建议。殊不知，智者千虑必有一失，再精明的人也有疏忽的时候，如果不想马失前蹄，遭遇意外之灾，就请时刻保持一颗虚怀若谷的心，认真听取别人有价值的建议吧，一时谦虚，会让你终身受益。

掩藏起自己的锋芒，有时候就需要你放下架子，低头前进。放下面子，厚着脸皮而克服害羞和自卑，在交际处世中主动出击，不达目的誓不罢休。拿出耐心，表示诚意，结果必然是胜利与感化对方同时而至。

1946 年 4 月，上光敏夫被推举为芝浦透平公司总经理。当时，由于战争的影响，百姓生计窘迫，企业的发展更是困难重重，其中最大的困难就是筹措资金。即便是那些著名的大企业，资金也相当紧，更何况芝浦透平这种没有什么背景的小公司，就更没有哪家银行肯痛快地贷款给它。上光担任总经理不久，生产资金的来源就搁浅了。为了筹措资金，上光不得不每天去走访银行。

一天，上光端着盒饭来到第一银行总行，与营业部部长长谷川重郎(后升为行长) 商议贷款事项。上光一上来就摆出了不达目的誓不罢休的气势。长谷川则装出爱莫能助的无奈之态。双方你来我往，谈了半天也没谈出结果来。

时间过得飞快，一看到疲倦的长谷川有点像要溜走的样子，上光便慢条斯理地拿出了带来的盒饭，说："让我们边吃边谈吧，谈到天亮也行。"硬是不让长谷川与营业员走开。长谷川只好服输，最终借给了他所希望的款项。

后来，为了使政府给机械制造业支付补助金，上光曾以同样的方式向政府开展申诉活动。于是在政府机关集中的霞关一带，就传开了说客上光的大名。

上光的做法其实不难，他首先放下了自己的面子和架子，藏起了自己作为领导本应有的"锋芒"，既然是去求人家的，怎么能在人家面前充老大呢？当初战没有"告捷"的时候，他并没有灰心，碰了钉子也不回头，明显地表达了自己不达目的誓不罢休的决心，让对方知道这个人是不能轻易找个借口就能打发走的。上光通过这些外在表现实际上是在传递一个信号：我是真诚的！我需要贷款，企业是有实力的，只要这些贷款到位就能迅速腾飞。万事已俱备，就请您借一帆东风吧！这样，对方很快被上光感动，也建立了对他的信任，那么事情很容易就办成啦！相反，如果上光爱面子，死活不肯放下架子，那别人凭什么受着你的气还要帮你？很快就会一拍两散，贷款也就成了泡影了。

所以说，不管何时，为人处世还是低调些好，要学会掩其锋芒，深藏不露。俗话说，"谦受益，满招损"，才华出众而又喜欢自我炫耀的人，必然会招致别人的反感，吃大亏而不自知。真正的智者是低调处事，善于隐匿，深藏不露的人。

福不尽享，功不独占

《菜根谭》中说道："完名美节，不宜独任，分些与人，可以远害全身；辱行污名，不宜全推，引些归己，可以韬光养德。"意思是：完美的名节，不应该独自拥有，分些给别人，才可以避免祸害；不好听的名声，不要都推给别人，自己也承担一些，才能隐藏锋芒修养品德。

喜欢被赞扬，喜欢好名声，喜欢把功劳归给自己，这本是人之常情。可是，名头太大会遭嫉妒，功高盖主也很危险。为名所累，为功所害，那种居功自傲，终为名声所害、为功所累的典型例子不胜枚举。物不平则鸣，如果你将功劳占尽，什么利益都要大头儿，还有谁不把你当成霸道的强盗呢？还有谁会支持你、喜欢你呢？

"福不尽享，话不说尽，事不做绝。"由于福享尽了则福无久享，话说过头了自己也就没有回旋的余地，同样事情做绝了，也等于把自己逼进死胡同。因此，凡事不能太过，要有度，任何事情太过了就容易犯错，以致失败。这正是所谓"过犹不及"，正如你肚子很饿，面对着一桌摆满珍馐佳肴的"满汉全席"，倘若你细嚼慢咽，认真品尝，吃他个七八分饱，可能会回味无穷，留下美好的印象；如果你狼吞虎咽，吃得太饱太撑，不但享受不到美味和营养，还可能会吃伤肠胃，让你进医院。吃东西是这样，为人做事又何尝不是这样？

从古至今，大凡能成大事的人，皆善于谦恭退让，懂得给自己留下回旋的空间，都明白先声夺人、狂躁激进、赤膊上阵、意气用事、鲁莽行为不但是匹夫之勇，于事无补，更会露拙于人、授人以柄，成为众矢

之的，最终只能功败垂成，半途而废。因此，凡事要给自己留有余地，顾大局，看长远，顺其自然，该退则退，该让则让，不急不恼，以躲为闪，以守代攻，给别人退让一大步，为自己留出一片天地，在退让的天地中休养生息，保全自己，蓄势待发。

刘渊称帝后，大举攻晋。他命其子刘聪与王弥进攻洛阳，并遣刘曜等人率匈奴联军为后援。匈奴联军一路皆捷，接连打败东海王司马越和平昌公司马模派遣的数支晋军。连胜之下，刘聪顿起骄心，不久，汉军被诈降的晋朝弘农太守垣延认袭击得手，大败而还。

气恼之下，当年冬天，刘渊又派刘聪、王弥、刘曜、刘景等人率精骑五万进攻洛阳，并派呼延翼率汉族步兵殿后，在河南大败晋军，包围了洛阳城。但好景不长，汉军大将呼延颢和呼延朗接连被杀，匈奴军失气，刘渊忙下令召还诸将，匈奴军还于平阳。

美国科学家克里斯托弗说过这样的一句话："直言无忌的最大坏处，是不给讲话的人留下回旋的余地，而且容易挑起冲突。"

"枪打出头鸟"之类的经历未免也太多了，人也就懂得凡事不应走在前面，应该朝后退一步，保护一下自己；当然，倘若人能够完全放弃自己，什么都不追求，也就不存在上、中、下的问题，问题就在于人是有欲望的，总是有点不甘心，因此很容易走中庸路线。中庸，一方面保留了自己一部分欲望，不至于过分压抑自己，另一方面又保护了自己，不至于那么容易受到伤害，实在是一种两全其美的人生形式。

现代社会是一个竞争社会，每一个人都摩拳擦掌，跃跃欲试，让你心如止水，要你不去争、不去计较，事事退到后面，确实是件不容易的事。但是，一分耕耘一分收获，你要求获得回报没错，但是你如果过分注重眼前的和金钱上的东西，很可能适得其反。与其这样，不如慢慢修炼，等到对方自己醒悟的那一天，就会补偿给你更多的回报。如果因为争强好胜、寸步不让、斤斤计较而给别人留下了不好的印象，恐怕你失去的远远比获得的多。如果在名利当前，你能够保持清醒的头脑，把功

劳和利益让给别人，那么你所收获的东西，远远比金钱更有价值。

齐景公得了肾病，一天晚上突然梦见自己与两个太阳搏斗，结果败下阵来，惊醒后竟吓出了一身冷汗。

第二天，晏子来拜见齐景公。齐景公不无担忧地问晏子："我在昨夜梦见与两个太阳搏斗，我却被打败了，这是不是我要死了的先兆呢？"

晏子想了想，就建议齐景公召一个占梦人进宫，先听听他是如何圆这个梦，然后再作道理。齐景公于是委托晏子去办这件事。

晏子出宫以后，立即派人用车将一个占梦人请来，占梦人问："您召我来有什么事呢？"

晏子遂将齐景公做梦的情景及其担忧告诉了占梦人，并请他进宫为之圆梦。占梦人对晏子说："那我就反其意对大王进行解释，您看可以吗？"

晏子连忙摇头说："那倒不必。因为大王所患的肾病属阴，而梦中的双日属阳。一阴不可能战胜二阳，所以这个梦正好说明大王的肾病就要痊愈了。你进宫后，只要照这样直说就行了。"

占梦人进宫以后，齐景公问道："我梦见自己与两个太阳搏斗却不能取胜，这是不是预兆我要死了呢？"

占梦人按照晏子的指点回答说："您所患的肾病属阴，而双日属阳，一阴当然难敌二阳，这个梦说明您的病很快就会好了。"

齐景公听后，不觉大喜。不出数日，病果然就好了。为此，他决定重赏占梦人。可是占梦人却对齐景公说："这不是我的功劳，是晏子教我这样说的。"

齐景公又决定重赏晏子，而晏子则说："我的话只有由占梦人来讲，才有效果；如果是我直接来说，大王一定不肯相信。所以，这件事应该是占梦人的功劳，而不能记在我的名下。"

最后，齐景公同时重赏了晏子和占梦人，并且赞叹道："晏子不与人争功，占梦人也不隐瞒别人的功劳，这都是君子所应具备的可贵品质啊。"

正确地对待功过名声，把功劳和好名声让一点给身边的人，主动去承担责任和骂名，大多时候比一大堆的荣誉证书更能赢得人们的心。学会说：功劳是你的，责任我来负。或许有时你会失去一些虚名和小利，但你赢得的也许就是你一生的幸福和平安。适时把人情留给别人，不仅可以赢得好感，也算为自己买张保单。有功分别人一半，有过替别人分一半，你永远不会有事。如果你的胃口太大了，吞下去的越多，将来要还的也越多!

给别人面子，就是给自己面子

领导尤其爱面子，很在乎下属的态度，以此作为考验下属对自己尊重不尊重的一个重要指标。如果随便否定领导的观念，必然会惹怒领导。他们不喜欢下属对自己的想法说三道四，所以，如果你不分场合和时间，有一说一，有二说二，实话实说，直截了当，甚至锋芒毕露的话，那他自然会觉得你是要扫他的威信，对他的失误落井下石。相反，如果你能多顾及老板的面子，注意自己提意见或建议的时间、地点和方式，你的上司肯定会接受你的一番好意。

小英今天一进家门，脸色就不好，把皮包往沙发上一摔，坐在那儿闷不吭声。

"怎么了?"老公小王轻声细语地靠近。

"怎么了?"小英别过脸去，"问你自己!"这一开口，气是更大了，一下子满脸涨得通红。"你今天真是把我的脸丢尽了，当着那么多同事的面，我恨不得找个洞钻进去。"

"我陪我们处长到你们工厂参观，怎么会丢你的脸呢？"小王一头雾水，"要不是我是处长面前的红人，他才不会带我去呢，他怎么不带别人啊？而且，你要想想，处长不去别的厂参观，专门找你们的工厂，还不是我介绍的？"小王也愈说愈来劲，"你们工厂如果做成这笔生意，从上到下都应该感谢我，也就是感谢你才对，怎么反而说我让你丢脸呢？"

小英转过脸来："当然丢脸！你没去之前，我就跟老板和同事说了，说你是高才生，也是这方面的专家……"

"没错啊！"小王答道。

"错大了！"小英一瞪眼，"你跟在你们处长旁边，一副一问三不知的样子，明明你最懂的机器，根本可以由你来介绍，你为什么不说话，还不断问你们处长？他懂什么啊！"

"他的确是什么都不懂，"小王怔了一下，居然笑了起来，"但他总是处长啊！"

小王以一位幕僚的姿态，站在长官身后，默默耕耘，给足了处长面子，一点也不显示自己。故事的结局当然是小英的厂子成功地和小王的处长做成这笔生意，小王更加得到领导的赏识。如果处长完全是外行，由小王这个内行为其解说，是再自然不过的事。但是，小王如果抢在前面说话，不但抢了领导的风头，还容易伤到领导的自尊心和面子。所以，他那样做是明智的。

推销员都懂得一种说话技巧，明明知道对方并不懂，却说"相信您一定是内行，知道……"然后，把自己要推销的观念说出来。这样做，要比说"你要知道……"的效果好得多。同样的道理，与领导相处，更是要注意收敛，要表现出对领导观点的同意和尊重，你是和他站在同一立场上，而不是看到领导不懂或者不对，就在旁边指指点点。

在关键时刻给足领导面子，这样的下属不是投机钻营，而是真正了解领导的所想所需。试想，有这样聪明伶俐的下属，如果你是领导，会不喜欢吗？

在一个团队里面，领导始终位于金字塔的塔尖，他的威望是不言而喻的。任何一个成熟的职场人士都不会愚蠢到引起顶头上司的不悦，也会尽量避免让领导尴尬。但有时候，你会发现领导突然对你很冷淡，令你百思而不得其解，因为你无意间的一句话或一个动作让老板在众人面前有如掉进火坑。

田叔是西汉初年人，曾经在刘邦的女婿张敖手下为官。一次张敖涉嫌与一桩谋杀皇帝的案子有关，被逮捕进京。刘邦颁下诏书说："有敢随张敖同行的，就要诛灭他的三族！"

可田叔不计个人安危，剃光了头发，打扮成一副奴仆的模样，随张敖到长安服侍。后来案情查清，与张敖无关，田叔由此以忠爱其主而闻名。

汉武帝非常赏识田叔，便派他到鲁国去出任相国。鲁王是景帝的儿子，自恃皇子的特殊身份，骄纵不法，掠取百姓财物。田叔一到任，来告鲁王的多达百余人，田叔不问青红皂白，将带头告状的二十多人各打 50 大板，其余的各打 20 大板，并怒斥告状的百姓道："鲁王难道不是你们的主子吗？你们怎么敢告自己的主子？"

鲁王听了很是惭愧，便将王府的钱财拿出来一些交付田叔，让他去偿还给被抢掠的老百姓。田叔却不受，说道："大王夺取的东西而让老臣去还，这岂不是使大王受恶名而老臣受美名吗？还是大王自己去偿还吧！"

鲁王听了心里美滋滋的，连连夸赞田叔聪明能干、办事周到。

作为下属，不仅要善于推功，还要善于揽过，两者缺一不可。因为大多数领导愿做大事，不愿做小事；愿做"好人"，而不愿充当得罪别人的"坏人"；愿领赏，不愿受过。在评功论赏时，领导总是喜欢冲在前面，而犯了错误或有了过失后，一些领导却想躲在后面。此时，就需要下属出面，代领导受过或承担责任。像田叔这样，将功劳归于领导，将过错留给自己，哪一位领导会不喜欢他呢？

大凡领导，管辖范围的事情很多，但并不是每一件事情他都愿意干，都愿意出面，都愿意插手，这就需要下属在关键时刻能够出面，代领导摆平，甚至出面护驾，替领导分忧解难，这样必能赢得领导的信任和赏识。

小张是某县委办公室的科员，经常会遇到上访者要求见领导解决问题的事情。领导精力有限，如果事事都去惊动领导，势必影响领导集中精力做好全局工作。每当有来访者吵闹着要见领导时，小张总是利用自己的特殊身份，勇敢地站出来，分清情况，解决纠纷，进行协调，必要时还使用强制手段把问题处理好；他经常能够独自解决一些无理取闹、胡搅蛮缠的事件，不怕得罪人；对一些重大问题他也是先调查清楚，安抚好上访者之后，再向领导请示，从不让领导直接面对棘手的问题。无论大事小情他总能处理得有条不紊，让众人心服，同时也获得了领导的赞扬。

像小张这样的下属，哪个领导能不需要呢？这就是领导所赞美的实干家，他比整天跟在领导后面只知道看领导脸色行事，遇到点大事就往领导后面跑的人要好得多。

领导作为金字塔尖上的人物，有身份、有地位，需要人尊重也需要人理解，更需要人捧和哄，琢磨透领导的心思，该替领导分忧的事情一定要不辞劳苦；该帮领导争面子的时候自己一定要作好铺垫；该给领导留面子的时候宁可自己吃亏丢人也不能推辞。领导也是人，领导也需要理解，如果你想做个好下属，就不仅要在工作上花心思，也要在与领导的接触中卖点力气。

不要代替上司做主

如果你的上司愿意听听你的意见，那么你可以大胆说出你的想法和看法。但是千万记住，即便你的意见是对的，也不要强迫他采纳，更不能自作主张，替他做主。那样，就显得你比他聪明，会让他反感你。

罗马执政官马西努斯围攻希腊城镇帕伽米斯的时候，由于城高墙厚，士兵们死伤惨重却仍然未能攻占这座城。最后，马西努斯发现城门是最薄弱的环节，于是打算集中兵力猛攻城门。但要攻打城门就必须用到撞墙槌，当时军中并没有这种器械。马西努斯想起几天前他曾在雅典船坞里看过两支沉甸甸的船桅，就马上下令把其中较长的一支立刻送来。

然而，传令兵去了多时，桅杆仍未送达。原来，是军械师与传令兵发生了争执：军械师认为短的那根桅杆才能真正发挥作用，不但攻城效果比长的那根要好，而且运送起来也方便，他甚至花了不少时间画了一幅又一幅图来证明自己的专业，而传令兵则坚持执行命令，既然上司要长的桅杆，他的任务就是让人把长桅杆送到上司面前。

面对军械师喋喋不休的说辞，传令兵不得不警告他，他们的领袖是不容争辩的。他们都了解领袖的脾气，军械师终于被说服了，他选择了服从命令。在士兵离开以后，军械师越想越觉得自己的想法是正确的，他觉得服从一道将导致失败的命令是毫无意义的，于是，他竟然违抗命令送去了较短的船桅。他甚至幻想着这根桅杆在战场上发挥功效，使领袖不得不赏赐他许多战利品以赞扬他的高明。

马西努斯见送来的是那根短的桅杆很生气，马上召来传令兵，要他

对情况作出合理的解释。传令兵忙向他汇报说军械师如何费时费力地与他争辩，后来还承诺要送来较长的桅杆。马西努斯对这名军械师的自以为是深感震怒，于是，他下令马上把这名军械师带到他面前来。

又过了几天，军械师才到达。他并没有察觉到领袖的震怒，反而为能够亲自向领袖阐述自己的正确理论而扬扬得意。他仍然以专家自居，滔滔不绝地说了许多专业术语，并表示在这些事务上专家的意见才是明智的。马西努斯见军械师仍然不改其说大话的毛病，十分生气，立刻叫人剥光他的衣服，用棍子活活将他打死。

现实生活中，像军械师这样自以为是的人随处可见，即便在上司面前也不懂得收敛，虽然我们不能否认他们的聪明才智，但是这却犯了领导的大忌，他们或许能接受你的意见，而绝对不容许你替作做决定，你的越俎代庖，会让他觉得你是自作聪明，对他不够尊重。所以，请记住献策，而非决策。

在现代职场，我们千万不能走进一个误区，即便是你深得上司的赏识和重用，也不能因此狂妄自大，认为自己可以擅自作一些决定。你要永远把上司放在第一位，任何一个关键性的决定都要经得上司的同意，哪怕你只是走一下"形式"。问题的关键不在你作不作决定，而在于你是不是尊重你的上司，有没有忽略他的存在。

刘苏年轻干练、活泼开朗，进入企业不到两年，就成为主力干将，是部门里最有希望晋升的员工。一天，公司经理把她叫了过去："小刘，你进入公司时间不算长，但看起来经验丰富，能力又强。公司开展了一个新项目，就交给你负责吧!"

受到公司重用，刘苏欢欣鼓舞。恰好这天她要去上海某周边城市谈判，考虑到一行好几个人，坐公交车不方便，人也受累，会影响谈判效果，如果打车的话，即便一辆坐不下，两辆的费用也不算高。她思来想去觉得还是包一辆车好，经济又实惠。

主意定了，刘苏却没有直接去办理，几年的职场生涯让她懂得，遇事向上级汇报是绝对有必要的。于是，她来到经理办公室。"老板，您看，我今天要出去，这是我作的工作计划。"刘苏把几种方案的利弊分析了一番，接着说："我决定包一辆车去！"汇报完毕，刘苏满心欢喜地等着赞赏。

但是却看到经理板着脸生硬地说："是吗？可是我认为这个方案不太好，你们还是买票坐长途车去吧！"刘苏愣住了，她万万没想到，一个如此合情合理的建议竟然被驳回了。她大惑不解：没有道理呀，傻瓜都能看得出我的方案是最佳的啊。

其实，问题就出在"我决定包一辆车"这句自作主张的话上。刘苏凡事多向上级汇报的意识是很可贵的，但她错就错在措辞不当。在上级面前，说"我决定如何如何"是最忌讳的。如果刘苏能这样说："经理，现在我们有三个选择，各有利弊。我个人认为包车比较可行，但我做不了主，您经验丰富，您帮我作个决定行吗？"上司若听了这样的话，绝对会做个顺水人情，答应你的请求。

作为谦虚、聪明的下属，你要把你的决定以最佳的方式渗透给上司。忌急躁粗暴，多倾听和征询上司的意见和建议，少作一些不容辩驳的决定和争论，即使你可能是对的。

即使对待能力不强的上司，同样也要保持尊重，不擅自行动和作决定。要知道他才是公司的最高决策者，你充其量只有提提建议的权利，你替他作决定，就等于无视他的存在。

永远不要挑战上司的权威

每个企业都有规章制度，对于这些制度，任何人触犯都要受到惩处，故此，上司的权威是不可侵犯的，它是一个"雷区"。冒犯了他的权威就是对他尊严的挑战，这是一个很危险的行为，无异于给自己埋下了定时炸弹。所以，永远不要挑战上司的权威。以下几点一定要谨记：

第一，切忌站在上司的位置指手画脚

且不说这指手画脚是不是对上司实际上有没有好处，但它的确侵犯了上司的尊严，你的好意会被他误解为你无视他的权威，甚至瞧不起他。这在两个普通人之间尚不能容忍，更何况是领导。

在企业里，有些员工忽视了上司与员工之间的界限，站在上司的位置上指手画脚，虽然感觉不错，却引起了上司的不满，甚至会因此葬送了自己在公司的前途。

第二，千万不要擅自替上司拿主意

有些时候，员工是无意识地站在上司的位置上，所做的也只不过是上司肯定同意的事情，所以当时并没有意识到什么错，甚至以为：既然上司也会这么做，我替上司做了，又有什么不可？可是，他没有想到，上司在意的不是你做事的结果，而是你替代了他的位置。

安茹是一家时装杂志社的编辑。一天，她接到一个电话，是刚出版那期杂志的封面模特要找主编，但当时主编正巧不在，安茹告知模特有什么事她可向主编转达。模特说，主编送给她的 5 本杂志都被别人拿走了，她想再找主编要 5 本。安茹立即说："行啊，你过来拿吧。"这种事经常在编辑部里发生，虽然超出了规定，但是为了密切和模特的关系，主编一般都会满足模特的要求，所以安茹很爽快地让模特过来拿。模特拿走了杂志后，安茹没有向主编汇报，她认为这件小事没必要让主编知道。后来主编还是知道了这件事。不久，主编以工作需要为由，让安茹去做发行，可她对发行一窍不通，也没有一点热情，只好主动辞职。

这就是冒犯了上司的权威所酿下的苦果，你可以说上司太小气，可事实就是如此。职场上，人情不占主要比例，重要的是游戏规则，你违反了规则，就会被它抛弃。

第三，员工与老板之间的界限不可逾越

有的员工在老板创业初期就跟老板一起经历风雨，为公司的发展立下了汗马功劳，也同老板建立了深厚的友谊，在公司里有一定的特殊地位；有的员工长期在老板身边工作，深得老板信任。这样的员工容易产生错觉，以为深受重用就消除了与老板之间的界限，有时候便会不自觉地站在老板的位置，替老板做起主来。虽然你的出发点是好的，是为了维护公司的利益，但即使你做对了，老板心里也不会舒服，更难以接受这样的事情，因为作决定的应该是他，而你只是他的一个执行者而已，这在他看来是一个原则性问题。

佟越在公司做秘书已经 6 年，兢兢业业，深得老板的赏识。这天，老板一走进办公室，就着急地对佟越说："上周我让你给宏达公司发的传真，和他们终止合作并将人家奚落了一顿。现在看来，我做错了。你快告诉我电话，我要亲自向人家道歉。"

佟越得意地说："那个传真我没发。"老板一愣，佟越解释说："我认为那份传真欠妥，所以就没发。"老板又问："上周我让你发给欧洲的那几封信，你发了没有？"佟越说："我都发了。我知道什么该发，什么不该发。"

老板一时无语，闷坐了一会儿，气冲冲地走出了办公室。不一会儿，佟越就接到了人力资源部的电话，他被解雇了。佟越找到老板问："难

道我做错了吗?"老板说:"办公室里有一个老板就足够了!"佟越无奈,只好离开了公司。

在工作中,无论是与老板的关系多么亲密,你也不要逾越与老板之间的界限,该老板决策的事情,就一定要老板拍板,而你所做的只是给他提建议和执行命令。即使老板不在身边,事情又微不足道,你能够处理,而且知道老板也会像你一样处理,也不要轻举妄动。你所要做的就是及时向老板请示,得到老板的授权后再处理,这样,你在老板面前的形象才会变得更加正面。

当你发现老板让你执行的决策有不合理的地方时,也不要贸然指出来,更不要擅自改变老板的决定,你应该婉转地向老板说明情况,巧妙地向他作出提醒,并告诉他这样做的后果。如果可以,再加上点自己的合理化建议让老板定夺就更好了。如果老板意识到自己错了,就会授权按照你的方案办;如果老板不听,非要你执行,你只管执行就好。等老板发现自己错了,他也不会找你麻烦,反而会暗地里赏识你的态度,以后会授权你做一些重要的事情,而你的价值就会慢慢地体现出来。

冒犯上司的权威是职场大忌,下属应该时刻牢记这一点。在我们执行任务、向上司提意见时不要自以为是,更不可独断专行,应该让上司拿意见,而自己只负责提醒和执行命令。

学会换位思考

想处理好与老板的关系,想得到老板的赞赏,就需要像老板一样去思考。在工作中,当你对自己说"如果我是老板会怎样"的时候,你会

对自己的工作态度、工作方式，以及工作成果提出更高的要求。只要你站在老板的角度去积极行动，那么你很快就能得到老板的认可和重用。

人与人之间只有通过了解才能理解，只有通过欣赏才能体谅。工作中，当你觉得委屈和失望时，就对自己说："假如我是老板……"换位思考后，我们就会感觉到自己是老板的战友、朋友，是企业的一分子，而不是老板手中一直可有可无的棋子，而且这也将为你在职场上赢得更为有利的发展空间。

在一次销售会议上，IBM 创始人老托马斯·沃森先介绍了公司当前销售情况，分析了公司目前面临的种种困难，然后让大家思考发展对策。这个气氛沉闷的会议一直持续到黄昏，只有托马斯·沃森自己在说，其他人则显得心不在焉。

面对这种情况，老沃森沉默了 10 秒钟，突然在黑板上写了一个大大的 "think"（思考），然后对大家说："我希望大家把自己当做公司的主人，想想自己如果是老板该怎么思考问题。别忘了，大家都是靠工作赚得薪水的，我们必须把公司的问题当成自己的问题来思考。"然后，他要求在场的员工开动脑筋，每人提出一个建议。

结果，这次会议取得了很大的成功。大家提出了很多建议，并找到了解决问题的办法。从此，"像老板一样思考"便成了 IBM 公司员工的座右铭。

像老板一样去思考问题，就是站在老板的立场看问题。这样你才能以一个主人翁的姿态想老板之所想，急公司之所急，而这种员工正是老板最喜欢的。假如你真的能做到站在老板的立场思考问题，老板一定会对你青睐有加。不懂得换位思考的人很可能会因为背离老板的意图而不被老板赏识、看好。

纪诚是公司销售成绩最好的员工。一次，他向老板说自己如何卖力地工作，如何劝说一位服装制造商向公司订货。本以为老板会表扬自己，可没想到老板只是淡淡地笑了一下。

纪诚不理解，于是鼓起勇气问："我们的业务是销售纺织品，不是吗？难道您不喜欢我的客户？""小纪，你是公司能力最强的员工，不应该把全部精力放在一个小小的制造商身上，而应该充分利用自己的才能，把精力投注在那些大客户身上。"老板严肃地说。

此后，纪诚学会了像老板一样思考，把自己放在老板的位置上，思考怎样才能把公司做大做强。当他手中有一些较小的客户时，就把他们交给一位经纪人，只收取少量的佣金，而把主要精力投注到寻找大客户的目标上，结果为公司创造了更好的利润。

其实，企业的管理者希望员工像老板一样思考，树立一种主人翁意识，并不是发出了所有人都可以成为老板的信号，而是向员工提出了更高的标准。要知道，我们的工作并不是单纯地为了成为老板或是拥有自己的公司，现在我们既是在为自己工作，也是在为自己的未来工作。

"如果我是老板会怎样"是对我们个人的发展提出的一种更高的要求。以更高的标准来要求自己，无疑可以取得更大的进步，这其中包括：具有更强的责任心；努力争取更上一层楼；更加重视顾客和个人的服务；心智得到更大的提高；赢得更加广泛的尊重；取得更多的合作机会等等。

曹伟就是一位用老板的眼光来对待自己工作的人，他相信机会来自于努力工作，要有更大的发展空间，必须从现在就开始努力。

曹伟曾是一家贸易公司的部门经理，虽然他完全可以安排其他人去完成所有的工作，但他对进货出货的细节总要自己把关，在与客户的沟通中他也始保持良好的服务态度；在内部问题的管理上，他也做得有声有色、井井有条，办公室的人际氛围十分和谐，员工在工作中都能抱成团。几年后，因为曹伟的优异表现，他被调到了总公司工作，职位也得到了相应的提升。

像老板一样思考，激励自己追逐老板的目标，并处处为老板着想，才能很好地解决在工作中遇到的问题。像老板一样思考究竟该如何下手呢？

第一，自我拷问

你要问自己：如果我处在老板的位置，需要做什么？需要怎么做？目前老板所面临的问题是什么？事情会如何发展？可能会出现什么问题？该如何预防或解决？这件事如果换做自己，会怎么做？

第二，比较你的想法和老板的想法

经常这样训练，你就会慢慢发现自己对公司的整个运行会有较深刻的理解，自己的想法也会更加接近领导。

要想处理好与老板的关系，并得到老板的重用，唯有时刻站在老板的立场看问题，像老板一样思考。因为只有这样你才能与老板永远站在一起，你的想法才能与老板的想法不谋而合，你才能在公司里有光明的前景。

服从命令，不被动应付

"员工的天职就是服从和执行。"这是镌刻在美国 UBC 公司培训室中最醒目的警言。"无条件服从"是沃尔玛集团要求每一位员工都必须奉行的行为准则。服从不是抹杀员工的个性，也不是"残酷的泰勒制"，而是一个企业确保公司决策顺利执行的关键。

在下属和上司的关系中，服从是第一位的，是天经地义的。下属服从上司，是上下级开展工作，保持正常工作关系的前提，是融洽相处的一种默契，也是上司观察和评价自己下属的一个尺度。因此，下属要得到上司的提拔重用，必须以服从上司命令为天职，这是一条最重要的规则。

服从也要有技巧。在企业或公司里，同样都是服从老板、尊重老板，但每个人在老板心目中的位置却大不相同，为什么？这一问题的关键是是否掌握了服从的艺术。有的员工肯动脑筋，对老板布置的任务在完成的过程中勤汇报，勤请示，这样主动出击，经常能让老板满意地感受到他的命令已被不折不扣地执行，并且收获很大。相反，有的人却仅仅把老板的安排当成应付公事，被动应付，或者认为我只要认真完成任务就可以了，不重视信息的反馈，甚至"先斩后奏"或"斩而不奏"，甘当无名英雄，结果往往是事倍功半。

在现实生活中，纪律观念淡薄，服从意识差的人却比比皆是。他们是领导最感头疼的职员。这些人，有的身无所长，进取心不强，对领导的命令满不在乎；有的自以为怀才不遇，恃才傲上，目无领导。他们昂着自己高贵的头，什么事都可存储到大脑，唯有领导的命令例外。这些都很不利于一个想有作为的下属的发展与进步，是应坚决予以戒除的。

一天刚上班，机关杨主任问小马："小马，那份总结材料写好了吗？"

小马三分惊讶七分不满地问："什么材料？啥事都让我干。"

当着其他下属的面，杨主任很丢面子，气呼呼地训道："你怎么把我说过的话当耳旁风？马上把材料送到我办公室来！"

"谁爱送谁送去，我干不了。"小马也没好气地顶撞道。

"干不了就回家去！"杨主任更是火上浇油。

"天下之大，还愁没栖身之处吗？"小马两手一甩，转身离去。杨主任气得脸色发白，跺脚不已。

如果当时小马向杨主任道歉，寻找原因给他一个台阶下，待事情缓和，然后采取补救措施，迅速把材料写好交上去，那么就会万事大吉的。这样，即使上司的火气再盛也会阴转晴，再赔几句不是，也就什么事都没了。而小马却生硬顶撞，后果当然不堪设想。

所以，当员工面对不愿意或不满意的情况时，要理智地服从上司的命令。暂时的忍耐，铸就了来日更灿烂的辉煌。否则，顶撞只会使自己与上司的关系在某个特定阶段陷入紧张状态，进入不愉快的氛围之中。日后想缓和、改善这种僵局，那你所付出的代价，可能比你当时忍辱负重所付出的代价大得多。

在任何一个单位，领导就是领导，他就是发号施令的，是一出戏中的主角，而下属就是听命于领导的，是一台戏中的配角。作为配角，一定要明确自己在一台戏中的位置，时刻记住自己是配角，不要站错位置。配角就是配合主角、突出主角，不喧宾夺主。同样，下属与领导相处，下属就应当把自己置于助手的位置，主动配合领导工作，受命于领导，听命于领导，而决不可忤逆领导，违抗领导。

某企业单身职工小王患肝炎住进了医院，老板在一次会议上动员同事们去作经常性护理。大家面面相觑，无人表态，老板很尴尬。最后，有一位年轻的小伙子主动站出来，为老板解了燃眉之急。老板大为感动，会上表扬，私下感谢当然不在话下。可见，关键时刻服从老板的命令，会深深打动老板，而且会使其铭记在心。

善于服从的员工把服从看成是一种美德，也是向老板显示忠诚，和老板保持和谐关系的基础。服从会让一个员工更得老板之心，会让员工在事业上有更大的发展。

服从是行动的第一步，工作丢弃了服从，就会让下属搞不清楚自己的角色，不知道谁是上级。只有服从才能让整个团队发挥出超强的执行能力，使企业得到合理发展。没有服从，即使领导有再好的决策也无法执行下去，整个团队也就失去了任何核心价值。

西点军校塑造了许多企业管理精英，像沃尔玛、可口可乐、通用电气的创始人或 CEO，都是出自西点军校。不要怀疑一个陆军军官学校怎么会培养出那么多的企业家，这不是偶然，而是依靠着一个重要的法宝。

西点军校视服从为美德，认为它是"领导之母"。西点军校规定，军人必须以服从为天职，否则就无法在军队立足，更没有资格担任中高级

领导职务。

毕业于西点军校的沃尔玛创始人沃尔顿说过："我们要的不是和领导作对的员工，而是服从领导决策、第一时间完成任务的员工。没有服从就没有执行，团队运作的前提条件就是服从。"

服从是员工的天职，是员工职业精神的精髓。一个人只有在学习服从的过程中才会实现团队的利益和自我价值。如果员工做不到服从，那么团队协作的时候就很难达成共同的目标；反之，有了服从，团队就会有凝聚力，每个人也都能发挥出超强的执行能力。

服从是优秀员工的首要任务。只有定位好自己服从的角色，才能在现代的职场竞争中处于不败之地，也才能使你成为公司不可或缺的员工。

要忠诚但不盲从

忠诚是一种美德，每个上司都希望员工对自己忠诚，员工若想得到上司的赏识，进而赢得晋升的机会，最起码要做到忠诚。但忠诚必须适度，过度忠诚就是盲从。那就意味着你很被动地围着上司转，很可能因此被人抓住把柄，影响事业的发展。

对上司忠诚就是跟上司一条心，尽心尽力地完成工作，具体来说，表现在以下三个方面：

第一，执行任务不找借口

对该做的工作，你要竭尽全力按时保质地完成，而不是对有难度的任务找借口进行推诿："这项工作我从来没有做过，所以可能会完成得不太理想。""我正在忙，没办法做你那件事。"你应该一声不响地接受任务，全力以赴地完成，即使有困难，也要想办法克服，只有这样，你的工作能力才会不断提高。

第二，别侵害公司的利益

对上司忠诚，你就应该把公司的利益看得重于一切，做事情着眼于公司的利益；不要浪费或偷拿公司财物，即便是一张纸、一支笔，更不能外泄公司的秘密。有一个业务员在金钱的诱惑下把公司的开发计划告诉了竞争对手，让对方抢在自己公司的前面推出新产品，导致公司蒙受重大损失。事情败露后，他自然得到了应有的惩罚。

第三，与公司同甘共苦

无论是公司处在上升期还是处在困难期，作为员工的你都应做到与公司同甘苦，共患难，特别是公司面对困难的时候，更应该积极帮上司出谋划策，与公司共渡难关。这样，你才会得到上司的赏识。当公司走出困境，一旦出现加薪或晋升的机会，上司会首先想到你。

忠诚于公司，忠诚于上司固然精神可嘉。但是如果你对上司过度忠诚，甚至整天围着上司转，明知上司是错的还一味迎合，很可能让上司觉得你图谋不轨，同时你也会被其他员工抓住把柄，这无疑不利于你能力的提高和事业的发展。所以，对上司忠诚没错，但不要盲从。

2003 年"非典"期间，为了打击报复自己的竞争对手，一个公司上司找来对自己忠心耿耿的下属，并让下属给防治"非典"中心打电话，谎称竞争对手公司出现了多名"非典"疑似患者。下属按照上司的意思执行，搞得对手公司人心惶惶。之后警方查出了那个下属，在警方询问下，那名下属说出了幕后主使。上司却说没有此事，还说要是知道下属要干这种蠢事，一定会严厉制止。因为拿不出证据，下属只好背黑锅。

职场上，千万不要盲从上司，去执行一件本不该做的任务。当上司向你下达任务时，你应该分清正误，辨别是非。哪些该做，哪些不该做，你应该有鲜明的态度，这样才能避免犯错，避免影响前途。

第六章　婚恋中的和谐之道

　　爱情是人世间五彩缤纷的繁花：有浓艳的牡丹，有素雅的香兰，有盛开的晚菊……人生的诗篇因为有了爱情而显得多姿多彩、丰富温暖，而爱情的道路并不是永远一帆风顺、甜蜜浪漫，正所谓"相爱容易相守难"！如何在漫漫爱旅中维护好两个人的关系？如何让爱情保持长久？对此，我们必须学会一些相处之道。

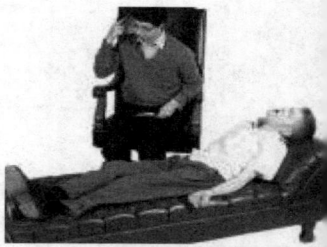

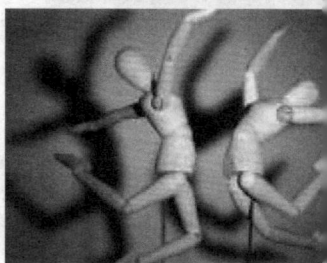

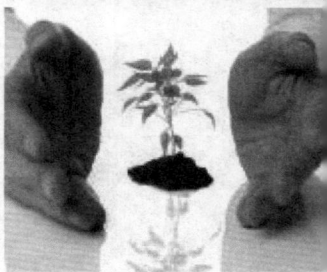

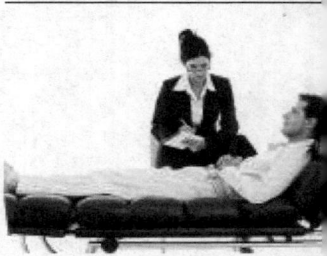

有尊重才有幸福

俄国大文豪列夫·托尔斯泰说："家庭成员之间必须互相尊重，而不是互相拴上链子。"

钱钟书的《围城》里，方鸿渐与孙柔嘉最终走向分手之途，最大的原因，就是这对夫妻彼此伤害了对方的尊严。

女人最大的特点，就是自尊心特别强。女人对自己的弱点会拼命掩饰，不让别人有机会碰触它，所以，要疏远女人，最快的办法就是伤害她的自尊心。

反过来说，要取悦女人，就须小心防范，避免触及她的弱点。如有办法提高女人的自尊心，那才能让女人乐于与你交往，和你做长久的朋友。所以做丈夫的要牢牢记住，不要伤害太太的自尊心，而且还要想办法提高她的自尊。

男人不要尖酸刻薄，尤其是在自己的妻子面前。在家里，丈夫如果肯花心思去发掘妻子的优点，除了亲近、维护她之外，说出你对她的尊重和感谢，如此就能提高妻子的自信心，并且进而改变她的个性，让她更敬重你、依恋你。

爱华和她的丈夫是一对平凡的夫妇，平常两人都能量入为出地过日子，尽心尽力地维护这个家。可是，不知道为什么两人总是会吵嘴、生气，难道是婚姻出了问题？两个人常常各自反省。

有一天，突然开始发生"不平凡的事"，丈夫不再挑剔她，反而开始夸赞起妻子来：

"谢谢你，爱华，每次拉开柜子的抽屉，我一定能找到我的袜子和内衣裤，谢谢你把家里整理得这么舒适。"

"你这个月记在账簿上的支票号码，几乎完全没有弄错。16 次记对了 15 次，真了不起，谢谢你。"

爱华真怀疑自己是不是听错了，她对丈夫说："你以前总是怪我记错支票号码，怎么现在不挑剔了？"

"不为什么，我只是要你知道，我感谢你帮我那么多忙。"

隔天，爱华在开支票时，不禁多检查了两遍，以确定自己没有记错号码，她心里也感到奇怪，为什么忽然对支票号码这么在乎？

"爱华，这顿晚饭真好吃，"一天晚上丈夫又说道，"辛苦你了。如果仔细算算，15 年来，你少说也为我和孩子做过 14000 顿饭吧。"接着他又说："爱华，我们家打扫得好干净，你一定花了很大的工夫。"

他甚至还说："爱华，能跟你在一起，我真的很幸福。"爱华越来越迷惑。

丈夫原来可不是这样的，他挑剔，难伺候，说话尖酸刻薄。

"话中带刺的他到哪里去了？"她在心里嘀咕着。

过不了几个星期，爱华已渐渐习惯了丈夫的全新态度，有时甚至会勉强地回他一声"谢谢你"。

这样的日子过久了，爱华觉得自己的脚步轻快、自信增强，偶尔还会高兴地哼上几首歌。她心想："老公的新态度实在太令人愉快了。"

有一天，爱华诚挚地开口向丈夫说："我要谢谢你这么多年来为生活辛苦奔走，养活全家大小，而我却从来没告诉过你，我是多么感谢你。"

夫妻亲密归亲密，但是还是得对彼此尊重，千万不要因为太了解对方、太亲近对方，就随随便便地忘了即使是夫妻也应该相互尊重，相互以礼相待。尊重是所有感情的基础，也是所有家庭幸福的基础，唯有有尊重的日子才能够过得温馨而又愉快。

学会给爱留一点空间

爱情无须刻意去把握，越是想抓牢自己的爱情，反而越容易失去自我。给爱留一点空间，你会拥有更多。

有位太太的先生是位知名的人士，对她百依百顺，在大家看来，她是幸福的，物质生活是上等的，可以说是幸福之中的幸福人。但她仍觉得很苦，每看到一个朋友时，都显得郁郁寡欢。

一次，一个朋友问她："你有什么不满意呢？"

她回答说："他对我感情虽然不错，可是我却不知道这种日子能过多久。"

"他有外遇吗？"

"没有。"

"他不爱你吗？"

"也没有。"

"那你担心什么？"

"他事业有成，人又长得帅，我老是觉得不能完全把握他。我很担心有一天被他给抛弃了。"

朋友劝她说："你到底要追求多少感情才满意呢？不要太强求，感情如同一个球，愈硬碰，它跳得愈高愈远。"

多么精彩的比喻：感情如球，真的如此。很多平常夫妻，能够朝朝暮暮厮守，却经常吵架、生气，甚至离婚。而一些远隔千山万水的夫妻，久久不能团聚，只能靠相思度日，却能心心相印。

社会学泰斗费孝通先生曾说：刺猬如果分得太远，就觉得冷，挤得太近了，又感得扎得慌；其实恋爱之道也如此，甚至走进"围城"的人们也深有感触。俗话说："冷热爱侣常流水，炽烈爱侣难到头。"这话有一定的科学性。情侣关系应当有张有弛，有冷有热，有距离才会使爱情生活鲜艳可求。

有一对初恋的年轻人，曾谈及他们在这方面的有趣经历。

他和她同在一个单位上班，他们的家又同住一幢公寓，自从进入热恋以后，不仅朝夕相处，形影不离，节假日无时无刻地胶着在一起，许多局外人对他们的一往情深、朝夕相处羡慕非常，然而他们日复一日、月复一月、年复一年地彼此相处在十分相似而又十分刻板的情感环境中，发现越来越少有那曾经使他们感到新鲜、感到快活、感到激动的东西。一种潜在的厌倦情绪开始袭击他们的心灵。此时，又一个春节来临，姑娘一反往年的安排，机智地提出要只身去远方看望一位朋友。他勉强地同意了。姑娘去了，他也重新邀集了往日的朋友一起欢度佳节。有趣的是，从他和她分离的一刹那起，各自不由得忆起了初恋时那一幕又一幕美丽动人的情景，觉得那时的一颦一笑、一打一闹，都是那么值得珍惜；同时，他们又情不自禁地反省着后来的情感发展历程，哪怕是一件不愉快的小事，也使他们各自检点着自己的责任。暂时的分离，环境的变化，使他们在个性感受的差别中增长了活力，也加深着他们彼此的思念，顿生"一日不见，如隔三秋"的重逢渴望。春节过去，相见的日子终于到来，他去车站接她，他们沿着铁路边缘的小溪默默地走着，甜蜜使他们噤口不言。初恋时，他们也常来这个溪边徜徉，此时，这里的一弯河汊、一棵小树，都使他们感到那样亲切，那么鲜艳……

在现代爱情生活中，亲密不能无间，相爱必须有距。适当地拉开恋人间生活的空间距离和时间距离，变化生活节奏，在一定程度上可以恢复恋爱的那种朦胧美，增加依恋感。

爱是拥有而不是占有，过度地厮守、监督，反而让爱的范围太过狭窄，犹如把感情当成一条绳子，缚得双方都很累，都很痛苦。为爱留点空间，也许你会觉得很难做得到，但这是必须做的。

有些东西，需要放弃，才能得到。善待你的婚姻！给你爱的人足够的自由，给婚姻一个正常、快乐的空间。

不要把感情当成束缚对方的绳子

夫妻双方的爱情是具有排他性的，所欲排除的只是别的同性对手，而不是别的异性对象。它的根据不在性本能中，而在嫉妒本能中。所以，专一的爱情仅是各方为了照顾自己的嫉妒心理而自觉地或被迫地向对方的嫉妒心理作出的让步，是一种基于嫉妒本能的理智选择。而嫉妒无非是虚荣心的受伤。

虚荣心的伤害是最大的，也是最小的，全看你在乎的程度。

在爱情中，嫉妒和宽容各有其存在的理由。如果你真心爱一个异性，当他（她）与别人发生性爱关系时，你不可能不嫉妒。如果你是一个通晓人类天性的智者，你就不会不对他（她）宽容。这是带着嫉妒的宽容，和带着宽容的嫉妒。二者互相约束，使得你的嫉妒成为一种有尊严的嫉妒，你的宽容也成为一种有尊严的宽容。相反，在此种情境中一味嫉妒，毫不宽容，或者一味宽容，毫不嫉妒则都是没有尊严的表现。

有爱维系的婚姻是有韧性，拉得开，但又扯不断的。相爱的人是不会束缚对方的，因为他们对爱情有信心。谁也不限制谁，到头来仍然是谁也离不开谁，这才是真爱。

不束缚对方就是要抛却你的嫉妒心理，对你的爱人抱持着一颗宽容

的心。这也是维系婚姻，使家庭幸福的法宝。否则再丰厚的物质生活都不可能换来你的幸福。

有位太太的先生是知名的企业家，以世俗人的眼光看起来，她很幸福。但她仍觉得很苦，看到一个朋友时，哭得很伤心，朋友问她："你有什么不满意呢?"

她说："你不知道啊！他对我感情不专，使我痛苦、不满。"

朋友劝她说："到底你要追求多少感情才满意呢？不要太强求。"

她问："那要如何解决呢?"

朋友回答道："放宽尺度，你爱的范围太狭窄了，犹如把感情当成一条绳子，缚得他对你产生了敬而远之的心理，才使你那么痛苦。你应该以柔和的感情来宽容他的一切，不要把占有欲、威力加在感情上面，否则你先生对你表现出又顺又爱，但内心却又烦又畏，也就难怪他会对你有欺骗的行为。"

"问世间情为何物，直教人生死相许"，婚姻是一种"缘"，若能因缘聚而相知相爱，实在是幸福。在共同的生活交融中，彼此能互相欣赏对方的优点，包容对方的缺点，如此在人生的旅途上，才能够彼此互相扶持、互相勉励，勇于承担与付出，才能够建立幸福美满的婚姻和家庭。

爱情需要不断制造新鲜感

同一个人在不同的时间里，对于同样的事物会有不同的感受，同样的物品对处于不同需求状态的人，其幸福效应是不一样的。举个很简单的例子：一个很饿的人在吃第一个馒头的时候是最幸福的，当他吃第二

个馒头时，这种幸福的感觉就会变淡一些，等吃第三个、第四个的时候，他已经快饱了，所以对馒头的味道已经变得麻木了，吃第五个、第六个馒头时他已经很撑了，馒头好吃也不想吃下去了。当吃到第七个馒头时，他肯定会觉得馒头实在很难吃，不仅再无快乐，而且会成为一种负担。

既然人们对同一事物的幸福感，会随着物质条件的改变而降低。爱情又何尝不是这样？一开始总是既兴奋又甜蜜，感到无与伦比的幸福和满足。在最开始相处的过程中，恋爱双方也总是尽量满足对方的期望，花工夫来让自己的行为符合对方的标准。他们几乎出双入对、形影不离，经常尽可能待在一起，什么事都一起做。这个阶段是"感情的春天"。

当最初的狂热减少的时候，相爱的人之间会遇到越来越多的问题，双方开始对单调乏味的生活感到厌倦，开始抱怨彼此的行为，对未来的美好期望也开始有所动摇。其实他们的生活是没有改变的，只是他们的心态变了。就像吃馒头的人，馒头的味道没变，只是因为一直不停地重复吃一种东西，就会心生厌倦。自然，他们的幸福感就会逐渐降低。

那么如何改变这种现状，让幸福不再递减？答案就是制造新鲜感，这也是最有效的方法。

陶阳和女友相恋 8 年，可这场爱情的马拉松他们跑得一点也不辛苦。陶阳是个经营爱情的高手，他深知就算再轰轰烈烈的爱情，随着时间的流逝也会归于平淡。于是他从来不等着爱情降温，而是主动为爱情添柴加火，给爱情保鲜。

一次，陶阳和女友约好下午 6 点见面，可是为了给女友制造一点惊喜，他故意打电话说路上堵车，估计得晚到十几分钟，后来又打电话说堵车堵得太厉害，估计得 6 点半才能到。听得出来，女友已经有些生气了。后来，陶阳站在女友背后不远处给她打电话，装做很无辜的音调说："亲爱的，真对不起，那车堵着就不走了，你……别生气啊！"女友有些急了："明知道周末车多，你为什么不早点出门呢？你这个人真是太……"还没等她把话说完，陶阳一个吻已经亲在女友脸上了。女友转身

一看，竟然是陶阳，才反应过来，原来他说堵车是骗人的，原本委屈的脸上一下子挂满了幸福的微笑。

陶阳就是非常善于在一些生活小事上制造惊喜，比如他还会偶尔给女友买个小玩意儿，有时亲自给她做一餐饭，或是一起去旅游，有时甚至还故意让女友吃些"飞醋"。就这样，他们的爱情不仅没有因为时间而变得枯燥乏味，反而变得更加充满爱意。幸福在他们这儿不是递减，而是递增。

随着时间的推移，恋爱初始的激情在岁月的长河里会逐渐失去它应有的光芒，没有了新鲜感，爱情就显得平淡了。在忙碌的生活中，人们往往忽略为爱情保鲜，当发现爱已远走时，才忙不迭地进行挽救。

吸引力是爱情的保鲜剂，爱情一旦失去了吸引力，就很容易变质甚至死亡，而吸引力又需要靠新鲜感来维持。所以，我们应该努力让我们的爱情充满新鲜感。那我们到底应该从哪些方面来为爱情保险呢？

1.改变自己。或者改变造型，或者增加自己的见识，使得在和对方的交谈中总有新的内容可讲。

2.偶尔参加冒险的活动。在特定的环境下，人们会从害怕感中得到快感。当你和你的爱人一起去"冒险"时，你们会感到双方是手牵手一起克服困难的。冒险，让你们的生活掀起波澜。

3.做些和平常不一样的举动。如果和恋人一起出去玩，你可以假装和他走散，让他找你半天；或者出去玩时拍些搞笑的相片，让彼此感觉都回到了童年毫无顾忌的时刻。

4.分享一个秘密。不时告诉对方一个自己的秘密，这些秘密可以是很小的事情，但是这样的形式的确是很不错的，因为秘密能刺激对方的兴奋神经，增加彼此之间的感情。

5.重温第一次约会的场景。重现第一次约会的情景，一定会让你重拾很多意想不到的快乐。比如在那天你可以洒上同样的香水，穿与当时风格接近的服饰，摆出和第一次约会一样傻傻的表情。那样，你们的心情

肯定也会和第一次一样充满紧张和刺激。

6.一起去尝鲜。比如你们可以一起去健身，让对方看到你的另一面；也可以一起去跳舞，"嘲笑"对方的舞姿；还可以一起去品尝从未吃过的东西，这些都可以给对方带去新鲜感。

7.学会制造浪漫情调。你可以在屋里藏好一份礼物，让他在不经意间发现；或是制造一些浪漫，让他感受你浓浓的爱意。

8.一起去看看外面的世界。去一个你们向往已久的地方旅游，全新的环境会给你们一个崭新的心态，好像回到了你们刚刚开始恋爱时的感觉，那种神秘刺激的感觉又回来了。

没有感到幸福，往往不是因为没有得到幸福，而是你的感官味蕾失去了对幸福的敏感。不想让幸福感递减，就多花点心思、多用点智慧为你的爱情浇水施肥，让爱情永远保鲜。

避免争论，加强沟通

一位心理学家指出，爱情关系中最困难的挑战是彼此的不同与意见不合。常常，当夫妻对他们讨论的事意见不合时就会演变成争论，而不知不觉间变成战斗，这时候他们忽然停止以相互友爱的方式说话，开始彼此伤害：责骂、抱怨、指责、要挟、愤恨、猜疑。

争论往往是夫妻关系中最具破坏性的因素。男女这样争论，不仅伤害彼此的感觉，也伤害彼此的关系。因此，搞好夫妻关系的基本方针是不要争论。

歌剧男高音真·皮尔士的婚姻差不多有 **50** 年之久了。

一次他说：“我太太和我在很久以前就定下了协议，不论我们对对方如何的愤怒不满，我们都一直遵守着这项协议：当一个人大吼的时候，另一个人就应该静听——因为当两个人都大吼的时候，就没有沟通可言了，有的只是噪声和震动。”

不论对方聪明才智如何，你也不可能靠辩论改变任何人的想法。从争论中获胜的唯一秘诀是避免争论。

然而，有些夫妻无时不在吵架，他们的爱逐渐死去；有些夫妻为了避免冲突和争论，极力压抑自己的真正感觉，结果失去与爱接触的机会。前一种情况是热战，后一种情况是冷战。夫妻最好能够在这两个极端间找出平衡点，尽量采用良好的沟通技巧，避免争执，也不必压抑消极感觉和冲突的意见与欲望。

如果不了解男女的不同，便很容易引起争端，这不但伤害对方，也伤害自己。避免争端的秘决是以爱和尊重为前提，加强彼此的沟通。

无可避免，夫妻有时一定会意见不合。男女的不同及意见不合并不会伤人。理性上，争论不一定是有害的，它可以是传达不同意见的对话。但实际上，大多数夫妻在争论一件事后，不到 5 分钟，又会以同样的方式为另一件事争论。他们在不知不觉间伤害彼此，一个原本无伤的争论渐渐升级为战斗，那个时候他们拒绝接受或了解彼此的意见。

我们与人越亲密，就越难客观地倾听他们的意见。为了保证自己免于不受尊重与肯定，我们会自动防御以抗拒他们的意见，就算同意他们的意见，我们也可能会固执地和他们争论。

伤害不是因为我们说了什么所造成，而是因为我们是怎么说的。男人受到挑战时，他的注意力会集中在对与错上，而忘了表现爱，此时他体贴、尊重的沟通能力和安慰的口气自然会减退，他不知道自己的声音是多么不体贴又多么伤害对方。此时，一个单纯的意见不合可能听起来都像在攻击女人，建议也变成了命令。女人在此情况下自然会反抗这种没有爱心的方法。

男人因不体贴的说话方式伤了女人，却又告诉女人为何她不该难过。他误以为她是反对他的意见，而不知道是自己缺乏爱心的说话方式使她难过，他因不了解她的反应而更加解释他所说的正确性，却不知改正他的说话方式。

她不知道是他在揭开争论的序幕，他以为她在和他争执。女人保护自己免于受男人尖锐的表现方式伤害时，男人也同时在保护自己的意见。

男人如果没有尊重女人受伤害的感觉，就等于是更增加对她的伤害，但他却难以了解她的伤害，因为他对自己不关心的言语声调并不敏感。因此，男人可能不知道他对女人的伤害有多深，也不知道是自己激起了她的反抗。

同样，女人也不知道她们对男人造成了多大的伤害。女人一旦感受到挑战，她讲话的声调马上就变成了不信任和拒绝。拒绝会使男人受伤，尤其是当他遇到生活中的其他压力时。

女人因说出对男人行为的不满和给予非请求的忠告，而挑起并扩大争论。如果女人不以信任与接受的信息调和她的消极感受，男人必定也会消极回应，留给女人一大堆迷惑。她同样也不知道她对他的不信任给了他多大的伤害。

为了避免争论，我们必须牢记：男女双方抗拒的不是我们说了什么，而是我们如何说。争论一定要两个人才能引发，但停止争论只需一个人做到即可。

停止争论最好的方法是及时防止问题的发生。当意见不合变成争论时，你可以负起分辩的责任，停止谈话，暂时休息一下，反省自己是如何对待对方的，试着了解你是否没给予对方所需要的。然后，过些时候再回来谈，但要流露出爱心和尊重的态度。

妙拒恋人不合理的要求

男女青年从恋爱到结婚，是一个从相识、相知到相爱的过程。在这个过程中，男女双方将经历感情基础、道德情操、品行修养、知识才能、气质性格等方面的碰撞、摩擦以及考验、观察、修正，直至融合、升华。俗话说"近朱者赤，近墨者黑"，恋人双方加强道德行为的修养与互补，用高尚、纯洁、质朴的道德行为品格影响和感化对方，进而并肩前进、共同进步，这对今后婚姻生活中的旦夕祸福影响颇大。然而，某些恋爱中的姑娘，常向男友提出一些非分要求。因为恋爱中女方常居主导的有利的地位，这些不当要求一旦提出，男方往往难以招架；那么此刻的小伙子应该怎么办呢？怎样才能既不失去"心上人"，又不能违犯原则和法律呢？可以把以下三点作为自己的借鉴：

第一，既要刻意追求，又不违犯法律

恋爱中，小伙子多方满足女友的要求是常情常理。应该说，小伙子对女友的刻意追求，是促成婚姻成功的"催化剂"。然而，如果有时女友向小伙子提出违犯法律原则的非分要求，小伙子倘若不仅不加制止，反而言听计从，那就很有可能双双走上犯罪的道路。反之，若是小伙子能够把握好法律和道德的行为准绳，摆正自己的人生坐标，当女友提出非分要求时，予以制止或拒绝、劝阻，往往能避免悲剧的上演。

有这样一对恋人，小伙子是某档案馆的档案员，姑娘是一家公司的职员。姑娘长得俊逸秀美，小伙子对她刻意追求。平时，小伙子对女友提出的一些要求，都是百依百顺，因此，颇得女友欢心。一天，女友跟

小伙子说，她的一个堂叔原在商业局工作，1961年下放回农村，因为最近落实政策需要利用档案，她要求小伙子把档案中她堂叔的下放时间从1961年改成1962年。这样，她堂叔就可以多享受一年的工龄工资待遇。面对女友的这一非分要求，平时百依百顺的小伙子踌躇了。因为，档案管理人员私自涂改档案是违犯《中华人民共和国档案法》的行为，小伙子不是不知道其中的分量。小伙子考虑良久，终于向女友挑明利害、婉言拒绝。这下，女友生气了，一连两个月对小伙子不理不睬。然而，小伙子一如既往地去找她，照样刻意追求她。女友通过情感的搏斗，终于战胜了邪念。她想，男友平时对自己百依百顺，而在大是大非面前却坚持原则，不做违法的事，说明他是个有头脑的人；再则，自己生气后不理他，他始终如一地追求自己，又说明他是个很重感情的人。从此，姑娘非但没跟男友"吹"，反而更爱男友。

第二，既要融洽感情，又不背离道德

在恋爱的过程中，由于某些姑娘跟男友的道德水准存有差异，因而势必发生情感碰撞和行为上的抵触。这时候，小伙子如果做出有悖女友意愿的行为，女友可能会一时想不通，产生情感裂痕。但如果依了女友，又背离道德准绳。因此，在融洽感情与维护道德准绳的分歧面前，小伙子应该作出慎重的选择。

一天夜晚，林菜跟女友在城郊马路上散步。当他俩来到一个拐弯处时，突然发现离他们不远处有位老妪被车撞成重伤、不省人事，而肇事的司机却又早已驾车逃逸。小伙子正欲上前救助伤员，却被女友阻拦："多一事不如少一事，我们还是赶快离开这里吧！"此刻四下无人，小伙子完全可以听女友的话，神不知、鬼不觉地离开。然而，小伙子却未听女友的劝阻，背起昏迷的老妪便朝附近医院奔去。由于小伙子及时相救，老妪终于转危为安。后来，小伙子对自己的行为从道德的角度向女友作了真诚的解释。虽然当时姑娘感情上有些受不了，但过后仔细想想，却对男友产生了更深的敬意和爱意。事后，姑娘在人前夸奖男友说："从

这件事可以看出，他是个很讲道德的人。我想，他对别人都这么讲道德，今后待我一定会更好!"小伙子见义勇为既融洽了感情又维护了道德，可谓两全其美。

第三，既要投其所好，又不违背原则

为了增强感情，小伙子投女友之所好是必要的。但是，在道德、法律面前，不讲原则，对女友提出的某些非分要求一味投其所好，却是危险的。而坚持正确的法制观、道德观、人生观来处理女友提出的某些非分要求，虽然一时双方的情感世界会布上阴云，但是，阴云散去，却是阳光明媚的晴天。

有一位姑娘，跟邻居为生活琐事产生矛盾而持有成见。后来，她交的男友是一位武术队教练，武艺高强。于是，姑娘便唆使男友在邻居上夜班的必经之地守候伏击，替其出气。当时，小伙子左右为难，倘若不投女友之好，就有可能发生感情危机。如果依了女友，这是一种流氓斗殴行为，后果严重。思虑再三，小伙子断然拒绝了女友的非分要求。这下，女友真的翻下脸来，拒绝跟小伙子来往。然而，小伙子却在别的方面一再投其所好，奉承女友。姑娘爱吃葡萄，他专买粒大味甜的端到其面前；姑娘爱听越剧，他买了磁带送去……在小伙子的真诚感化下，姑娘的态度有了好转。此时，小伙子又抓住时机，趁热打铁，给女友讲清斗殴伤人可能带来的严重恶果，并诱导地问道："你难道喜欢你的男友进拘留所吗?"这时，姑娘笑了，一场情感危机终于"化险为夷"。

由此可见，在"相爱"的基础之上，小伙子以法律和道德为准绳拒绝女友的非分要求，只要做到坚持原则而又不失爱心，不仅可扭转女友的一念之差，反而能更得女友的欢心。当然，我们不能排除有些姑娘因私心、私情、私欲而执迷不悟的情况，在这样的时候，小伙子也完全不必一味迁就，因为一个置法律、道德于不顾的人不值得去爱。

维系夫妻感情的关键因素是爱

当代男人的综合素养和传统观念的确面临着挑战，女人们总在抱怨能得到的丈夫的关爱与呵护总是随着婚姻的增长越来越少了；不耐烦的丈夫们也总是愤愤不平道：你到底要我做什么才会感到满足呢？那么男人该怎么做？男人到底该为女人做些什么？男女之间的关系怎样才能得以长久地维持？

事实上，无论你怎么做，只要能做到一点你就成功了，那就是让你的妻子从心里感受到一种被宠爱的温暖。只要她觉得你是在用心地爱她，你就成功了。

男人总说女人的心思迂回复杂，搞不懂她们究竟需要什么？倘若一个女人还会费尽心力和你折腾——哪怕用的是一种让人无法理喻的方式，也说明她还在乎你，同时她也希望得到你的在乎。女人终究是隶属于感情的，相对于男人而言，无论多么坚强的女性都要比男性更容易被感情驾驭。法国古典主义时期著名剧作家莫里哀曾经说过："女人一生中最大的愿望，就是要有人爱她。"爱，是决定两性关系究竟如何发展的关键。

成为夫妻的两个人，是茫茫人海中有缘走到一起的一对儿，这实属不易，怀着珍惜情感的态度去面对，就会有一颗包容的心。其实，作为妻子，她真心想当娇妻的愿望是不会很强烈的，即便有，也只是偶尔闪过的一些充满浪漫色彩的念头。如果在她的心里，能够感受到男人真诚的爱，即便是受苦受累，在她的心里也不会积起真正的怨恨。女人是充

满韧性，骨子里有着男人无法预测的坚强的。如果说一个妻子得不到丈夫的爱——那种真正从心底流淌出来的珍惜和疼爱，不管表面上是以哪种形式展现在别人眼前，她的心里总是悲哀的，或者说这桩婚姻就是一场悲剧。一旦项链变成锁链，淑女也会变成泼妇和怨妇。这样的悲剧在我们周围的生活里，难道还少吗？

别让你精心选择的淑女在婚姻中发酵变质成为泼妇或怨妇，要学会用心去爱，用心去表达。只有这样，才能把她培养成与你心连心的娇妻。

信任是和谐关系的不二法门

夫妻之间"长相知，不相疑"，既是对自己的爱情和婚姻充满信心的表现，也是婚姻双方平等的表现。

爱情和婚姻是夫妻双方的事，信任同样也是互相的。无论丈夫还是妻子都应该做到：一是要自己忠于爱情；二是一定要有充分的自信心，相信自己有足够的魅力能够吸引对方。

充满信任的家庭，生活才能轻松愉悦；相信对方的忠诚和自己的吸引力，才能带来婚姻的和谐。夫妻永结同心，必须把相互忠实和相互信任结合在一起。

要做到夫妻之间"长相知，不相疑"，相互间首先要有深刻的理解。作为丈夫或妻子的你，要常常同对方交流感情，有了误会应及时说个明白。其次是要有高尚的情操。爱情和婚姻具有排他的特点，但并不等于自私。忌妒、猜疑都源于自私的阴暗心理。只有把你的爱人作为独立的人来爱，才能获得对方真诚的爱的回报。其次是要建立充分的自信心。只要你

的婚姻是自愿的，对方总有所爱的地方和一定的吸引力。就算对方在学识地位上与你有距离，你也千万不能自卑，而应当充分发挥自己的特长，以完善自我来增加吸引力。人总有长处，只要确信自己也有强于对方的方面，婚姻双方便是平等的、互补的、互相需要的、互相吸引的。

作为丈夫或妻子的你，对配偶的信任要从积极的方面培养和深化，千万别以猜疑而割断他的交往来消极防范。其实，假如他的心已不属于你，那么，你的担心、猜疑、防范、争吵，又于事何补呢？

爱，是两颗心的碰撞，真诚与丈夫或妻子相爱的人，一定要对自己的婚姻充满信心，一定要同你的爱人心心相印。这是建立幸福美满婚姻的基础。但夫妻间的信任并不是一朝一夕就可以建立起来的。信任不在期待中降临，也不在信誓旦旦中建立，而是在夫妻共同生活的基础上，在彼此占有、彼此理解的基础上，用实际行动培养发展而成的。

现代社会，有许多青年男女，以为领了结婚证书，婚姻就系上了保险带，坐待互相信任的情况出现，这是非常错误的想法。须知恋爱时相互信任的关系，会随着时间的推移而变成不信任的关系。可见，如何建立夫妻间信任，是每一对夫妻要特别注意的一件大事。为此，你必须做到以下三点：

第一，信任应该建立在彼此了解的基础上

不仅婚前的彼此了解对于夫妻间的信任关系的建立很重要，而且结婚以后，夫妻间时时互相倾诉自己的内心感受，谈论工作上的成功和失败，让夫妻双方彼此能及时而正确地掌握对方的脉搏也是十分紧要的。只有彼此完全了解，才能彼此相互容忍、谅解和信任。

第二，应相互诚实，以心换心

诚实是形成夫妻信任的一大要素。现实生活中，我们对诚实的人所做的事情，总是放心的，确信不疑的；相反，对一个虚伪的人，人们就不会轻易地相信他的话和他所做的事情。在夫妻关系中，情况也是这样。

第三，夫妻间应做到言行一致

　　用诚意的"给予和付出"来建立起夫妻间的信任。那么，一旦夫妻之间由于某种原因，出现不信任感或信任度降低时，该采取什么态度来对待它呢？

　　最重要的是夫妻双方要冷静下来。人在猜疑的时候，容易被封闭性的思路所支配，这时冷静克制非常需要，要多设想几个对立面，只要在一个对立面上突破了封闭性思路的循环圈，你的理智就有可能及时得到召唤。俗话说"当事者迷"，有时即使主观上很想理智思考，客观上却很难做到。这时要紧的是应把自己的真实想法及时告诉爱人，只要你诚恳相告，爱人就会从你的一片诚意中看到你对他的信赖。及时交换意见有许多好处：若是误会，当可及时消除；若是看法不同，通过交流，各自的想法为对方所了解，也有好处；若真的证实猜疑并非无端，那么夫妻间心平气和地讨论，也有希望使事情解决在始发之际。反之，有了猜疑闷在心里，自己越想越气，而爱人却感到莫名其妙，结果不但解决不了问题，还有可能使矛盾进一步扩大甚至激化，最终导致悲剧的发生。

　　可见，夫妻之间的"长相知，不相疑"对建立和谐美满的婚姻生活是很重要的。"长相知，不相疑"需要一种踏实的精神，空洞地讲"我信任你"是没有任何作用的。列宁和克鲁普斯卡娅结为伴侣后，共同订了一份爱情公约："互不盘问，绝不隐瞒。"这很值得夫妻们效法。夫妻之间只有相互信任，心心相印，才能战胜人生道路上的各种艰难险阻。永葆爱情的青春。

给爱情放个假

尽管爱情是我们生活的重要内容，但绝非唯一内容。爱情犹如橡皮筋，不能总是绷紧了不放松，爱得时间长了，也要让爱情歇一歇，适当地给予对方空间和自由，这样才能让爱情之花永远娇艳。

如果不懂得给爱情加温、放假，那么长时间地过度消耗，很容易让爱情被消耗殆尽。要知道，恋爱中的热情是不可能永久保持下去的，爱情也不可能总是处于"巅峰"状态，要想不被平平淡淡的生活淹没了感情，就要懂得适时给爱情放个假。

不幸的是，在现实生活中，总是有那么一些固执的人抓着爱情不放，把爱情当成生活的全部，以致出现误会、矛盾和冲突，使爱情变了味道。

辛欣是一个依赖心很重的人，不管遇到大事小事都要男友拿主意，甚至她买什么颜色的衣服、什么品牌的化妆品都要问他的意见。而且，她总是希望男友除了上班，其余时间最好都陪着自己，偶尔公司加班，她也会生气。

有一次，男友被派出外地出差，辛欣每天都打电话，而且每次都会哭着说"我想你"，"你什么时候回来"之类的话。开始男友还觉得有人惦记挺幸福，可后来辛欣变本加厉，整天电话短信的轰炸，弄得男友身心疲惫。

接下来他们开始陷入一种奇怪的循环，每隔一段时间就会吵架，然后相互道歉、和好，但是不久又会这样。辛欣的男友无法接受这种让人窒息的爱情，于是不顾辛欣的苦苦哀求，断然和她分手。

每个人的心理，总是保留着一些青春期的特性，越控制越反叛，越想套牢他，却可能越对他束手无策。对爱情用"管"的方式只会让自己吃亏。放养你们的爱情，给对方充分的个人空间，你们的爱情才不会沦落到戴着脚镣跳舞的境地。

如果你已经感觉到你们的爱情让人透不过气来，就不要再成天泡在一起，早晚有一天，双方都会感到索然无味，就像电影《手机》里面的经典台词说的，"容易产生审美疲劳"。整天做死守状态的恋人，就算一开始再怎么亲近，天长日久，也可能会腻烦，从而毒化爱情的品质。如果你想让自己的爱情长久，给自己的爱情来个假期不失为一个聪明的做法。

给爱情放假是现代人恋爱生活的一种全新的态度，只有在张弛有度的调解中，你们的爱情才能茁壮成长。在爱情"休假"时，彼此都可以伸展双臂，透透气。男人可以和他的朋友一起去酒吧畅聊，女人可以邀上三五知己聊天、逛街……做自己喜欢做的事，把时间多留些给自己独享，又可以给爱情保鲜，何乐而不为呢？

用杠杆原理来协调关系

把两个不同重量的物体放在杠杆上，当它们的重量与它们的悬挂点到支点的长度成反比时，就处于平衡状态，这就是我们常说的"杠杆原理"。

恋人之间的相处之道也需要借助"杠杆原理"来进行协调。阿基米德有句名言："给我一个支点，我就能撬动地球。"恋爱中幸福的支点，有时候不是那些大事，而是在日常生活中一点一滴的关爱与体贴。不要以为生活中的细节不重要，恰恰相反，在每件小事上给予关怀，更能让对方感到你的细心和温情。

具体来说，我们该从以下几个方面来做起：

一、要调整心态，做到将心比心

多想想："你对我这么好，我该为你做些什么呢？""我希望在交往中感到愉快，那么怎样才能使他愉快呢？"如果能经常自觉地问自己这些问题，彼此的关系就会更上一层楼。

二、要懂得付出

恋爱是双方的互动，不要吝啬自己的付出。有时候一件适宜的衣服，一餐精美的食物也能让对方真切地感觉到自己的用心。

三、要与恋人保持步调一致

两个人完全没有差异是不现实的，在承认差异的同时，我们应该要有意识地和恋人的步调保持一致。

每当两人步调不一致的时候，马上警觉到这种变化，比如他平时喜欢打篮球，可以尝试去和他一起看球赛；你喜欢流行歌曲，可以让他陪你看场演唱会。在此过程中，你会发现生活变得丰富了，既能满足享受于自己的那份爱好，又多感知了从对方那里获得的另一片天地。

婉茹结婚 7 年了，都说婚姻有"七年之痒"，可恰逢结婚 7 年的婉茹却一点也不担心。她道出维持婚姻幸福的秘诀：我和他永远保持步调一致。

婉茹举了一个生活中的小故事：一个周末的下午，她在拖地，而老公正在电脑前"斗地主"。拖地至电脑处，婉茹想让老公挪一下位子。输了几局的老公似乎寻找到了转败为胜的机会，兴奋地喊着："这把准能赢！"婉茹催了几次，老公仍无动于衷。看着兴奋如孩子般的老公，婉茹放下拖把，凑到他面前去观战，为他加油。结果，老公真的赢了，高兴之余还兴奋地吻了婉茹。老公主动提出，要婉茹再陪他斗几局，然后他再帮婉茹拖地、做饭。

面对老公的行为，婉茹不是发脾气，而是选择了和他一起分享他的快乐。如果当时硬碰硬，他们之间则必定爆发战争。

有时，只需要你作出一些小小的让步，就能将你们俩的关系拉近。聪明的你要学会换位思考，多从对方的角度出发，适当的时候作出让步。

四、学会使用甜言蜜语

平淡的生活偶尔也需要甜言蜜语来调味一下。很多恋人在相恋一段时间后，总感觉生活中缺少点什么，天天腻在一起，生活日渐平淡，两个人彼此不再有新鲜感。此时，多些甜言蜜语，有助于改善这样的现状。

适时地用语言送出你的关爱与体贴，而不要将其藏在心中，正所谓"良言一句三冬暖"，恋爱生活里，甜言蜜语是少不了的感情催化剂，恰到好处地运用会让你们的感情更加融洽。除了甜言蜜语外，恋人间不妨使用幽默、开导劝解办法来解决双方的问题，总之不要让争吵声进入你们的生活。

若想爱情甜蜜、幸福，就要学会用最小的力来支撑最幸福的爱情。勿以爱小而不为，相信一点点的关爱、一点点的理解也具有相当强大的力量，强大得超出你的想象，让你的爱情之花开得更加灿烂。

互补才能欣赏，欣赏才能长久

大部分人都会认为，性格、志趣相同的人应该更容易相处，但在现实生活中，性格、志趣不同的人结为密友或夫妻后感情往往更好，这就是互补的作用。互补型恋人往往更容易欣赏对方，因为自己欠缺的，对方就会作为一个很好的补充。全是急性格的人在一起，就容易发生争吵、纠纷；全是沉默寡言的人在一起，生活就显得沉闷。这和物理学上的"同性相斥"现象极为相似。恋人之间，个性互补，才有利于把爱情长久

地维持下去。

戴兵和叶子就是一对互补型恋人。叶子在日记中这样写道：

我平时做事很拖沓，无论是做家务还是买东西，都要花上好久的时间。而他是一个办事利索的人，三五下就能把屋子收拾好，他的雷厉风行让我省了许多精力。

我是一个优柔寡断的人，而他却是当机立断的。所以一碰到需要作决定的事，我就把难题扔给他，他会在极短的时间内作出一个最优的选择。

我经常丢三落四的，他就很细心，经常提醒我拿这个拿那个，要是没有他，我的生活肯定一团糟。

我很感性，做任何事情容易感情用事，而他是一个很理性的人，有了他，才让我少作了很多错误的决定。

我的性格有点急躁，他性格随和，所以每次出现矛盾都是我向他道歉，我们的冷战一般不会持续多久，就会被我的温柔融化掉。

他很固执，我却善于迁就。我不会去和他争他爱看的球赛和新闻节目，不会因为两个人意见相左而彼此不让步，我的迁就让我们的爱情少了许多纷争。

我欣赏他身上我没有的东西，他也喜欢我身上他欠缺的东西，我们和睦相处，过得很幸福。

人与人之间必然存在个性差异，气质、性格都各有不同。例如，有的脾气急，有的脾气缓；有的做事细致、耐心，有的办事麻利、迅速；有的控制欲强烈，有的依赖性强烈，这些都是典型的性格上的互补。

男人的威武雄壮，可以给女人安全感；女人的温柔细腻，可以给男人满足感。互补可以成为相互吸引的一种因素，两者能取长补短，各得其所。所以两性互补，生活就会显得更为和谐。

下列这些不同类型作风和性格的人，都可以互补：支配型与顺从型、关怀型与依赖型、给予支持型与愿意合作型、压抑型与对抗型、自信自强型与优柔寡断型、急躁型与耐心型、倔犟型与柔顺型、阳刚型与阴柔型，外向型与内向型、急性子与慢性子。当然，作风和性格上的互补有一个前提条件，那就是他们的价值观应该一致。

保持距离适当才不会相互伤害

在爱情里，往往会讲求"距离美"。恋人之间如果没有找到合适的相处方式，没有保持一定的距离，则往往会想到逃避；而当离开后没有了纷争又开始想念，继而又聚在了一起。所以说，"亲密无间，疏而不远"的处世方式就显得尤为重要。

苏伊和张韬从认识至今已经有 6 年了。在这 6 年中，他们从相知、相惜到熟悉得不能再熟悉的感情历程也验证了那个真理——距离产生美。小吵—和好—大吵—分居，他们的感情不知经过了多少个这样的轮回。分开后又开始相互牵挂，真的在一起又矛盾不断。像这样反复几次之后，两人都觉得不能再这样无休止地重复，于是去找心理医生咨询。医生说："就算是再亲密的人也要保持一定的距离，不能因为成了恋人或是夫妻就不分你我。"

合适的距离才能让彼此幸福。首先，爱情中也需要隐私，不要肆意地去盘问或偷窥另一半的隐私。作为两个不同的个体，注定了每个人都有一个小小的"私人"空间要留给自己。心理学家指出，人人都有"公众自我"和"私人自我"，也就是说，我们在人前是一个样子，而内心世界中又会存在另一个自我。即使面对伴侣，也会隐藏一部分"私人自我"。三毛曾说："我的心有很多房间，荷西也只是进来坐一坐。"

不要每天都想要黏在对方的身边，留一点时间让爱人去想念，想念会让爱情升温，何乐而不为？没有一点自由的空间，只会让对方感到压抑和无所适从。

沈女士的丈夫是一家 **4A** 公司的老总，由于工作的原因，他常常会带上公司里的女职员外出陪客户吃饭。每当这个时候，沈女士的电话就会追踪而至："你在哪儿？"王先生如实回答后，沈女士又会继续问："怎么那么闹啊？"或者"怎么那么静啊？"

回到家，沈女士还会在甜言蜜语中寻找他身上的异性动向，一会儿说："我怎么闻到一股香水味？"一会儿又说："别动，你头上有根白头发，我给你拔掉！"——其实她是要检查有没有人将口红之类留在丈夫的颈部。

沈女士的这些小动作怎么逃得过王先生商人的眼睛！但他往往假装不知，好让她在一无所获中安心。一次，王先生的几个好友劝沈女士不要过分紧张，她反过来挺认真地拜托他们："我们的孩子还小，你们可要帮我看着他啊。"

经过这样的折腾，王先生无论做什么事都感觉被人盯着，束手束脚，工作每况愈下，甚至连家都不想回。沈女士如此的做法，就是因为没有给丈夫一点点的隐私空间，结果弄得自己和家人都不得安宁。

其次，不能太过依赖对方，要尽量做到经济独立。金钱是个敏感的话题，恋爱中的男女涉及经济利益马上翻脸的例子不在少数。感情归感情，金钱归金钱，还是泾渭分明的好。

再次，爱情需要关怀和理解。如果爱情里面只剩下争吵，把在工作上或生活上遇到的所有不如意都一股脑地发泄到另一半的身上，长此以往，爱情是迟早会被消磨殆尽的。对另一半的关怀和爱无止境地挥霍，只会加速爱情的瓦解。相信你付出的每一分体贴与爱，他都无法再感觉到。

最后，扩大自己的社交圈，拥有属于自己的空间。对方永远不是自己的全部，如果把全部的心思都放在爱人的身上，则容易在爱情中迷失

自己。

恋人之间，保持适当的距离，只是为了多给彼此一点属于自己的时间和空间，还要付出自己的关怀，让对方感到温暖，这样才会更快地融合，让两个人都感受到恋爱的喜悦与舒服。

理解与支持让爱情走得更远

心理学家德斯考尔等人在对爱情进行科学研究时发现，在一定范围内，父母或长辈干涉儿女的感情，会使青年人之间的爱情更深。就是说如果出现干扰恋爱双方爱情关系的外在力量，恋爱双方的情感反而会更强烈，恋爱关系也会变得更加牢固。

为什么出现这种现象呢？这是因为人们都有一种自主的需要，都希望能够独立自主，而不愿意被人操控。当别人把他们的意见强加在自己身上，当事人就会产生一种抗拒心理，排斥自己被迫接受的事物，同时更加喜欢自己被迫失去的事物，正是这种心理机制导致了罗密欧与朱丽叶的爱情故事不断上演。

22 岁的小美和 23 岁的小刚同在铜山一家小钢铁厂工作。半年前，小美刚到钢铁厂工作，两人便一见钟情，随即坠入爱河。经过半年的相处，两人感情更深，谁也离不开谁。一个月前，两人决定结婚，并告诉了双方的父母，谁知道却遭到了小美养父母的强烈反对。

小美的养母和她的亲生母亲是姐妹，虽然小美的婚事得到了小美亲生父母的同意，但养父母却极力反对，还向小刚要 10 万元抚养费。因为小美和小刚的事，小美和她养父母的矛盾一步步加深。"小美和她养父

母根本就没有法律上的抚养关系，她养父母要抚养费用合理吗？"小刚曾求助于媒体。

针对小刚和小美的疑惑，媒体记者联系了高级律师事务所的赵彦军律师。赵律师告诉记者，小美和养父母在法律上并没有亲子关系，也没有法律上的抚养关系。养父母要的 10 万元抚养费在法律上是没有依据的，因为小美在法律上对养父母没有返还义务，她和养父母之间只能从亲情角度进行协调。

尽管记者曾多次劝阻，但小美和小刚仍表示，他们不会因为家长的反对而放弃这段感情，反而会更加坚定地走下去。

在现代社会，父母反对子女婚姻的例子不在少数。或是家长之间的恩怨，或是家庭条件的悬殊等原因，都导致了家长对子女婚姻问题的干扰。其实，没有哪个父母会忍心把自己的子女逼上绝路，想办法，找出他们反对你们的理由，拿出一个切实可行的解决方案，或是做出一点成绩来证明给父母看，赢得他们的理解和支持，才是化解父母心结的有效方法。

陈燕是名牌大学毕业的高才生，一毕业就进入了一家外企，每月收入不菲。一次在工作中，陈燕遇到了来她们公司推销办公室家具的陆飞，两人在交谈过程中都萌生了一见如故的感觉。随着接下来几次的见面，两人开始了交往。

两年下来，陈燕的工作日渐沉稳熟练，被提拔为部门主管，而陆飞仍在家具装饰公司做着销售工作。但这些并没有影响两人的感情。陈燕开始有了与陆飞结婚的打算。然而，结婚对于他们来说，太难了。因为陈燕的父母本来就一直反对两人恋爱，更别提结婚了。陈燕父母觉得陆飞只是普通专科毕业，而且从事的工作也没有什么前途，认为女儿嫁过去一定会吃亏。

陆飞一而再再而三地登门拜访，都被陈燕父母拒之门外，然而他从未失去过信心。当有一天，陈燕、陆飞再次来到陈燕父母家时，正好陈

燕父亲哮喘发作，倒在了小区门口，陆飞随即把陈爸爸背回家中，并协助陈爸爸顺利吃下药。这事过后，陈燕父母对陆飞的态度明显缓和了很多，但还是反对两人的婚事。

陈燕和陆飞并没有放弃，陈燕告诉陆飞，自己的父母只是担心他的前程，怕他照顾不好自己的女儿。为此，陆飞在陈燕的提示下写了一份长长的计划书，洋洋洒洒几万字，里边清楚地写出了自己事业上长远的目标和能够事业成功的信心。

当陈燕父母看到这份计划书时，开始给陆飞提出任务要求，只要陆飞能在一年内事业上有进展，他们就不会再反对两人的婚事。

一年后，在陈燕的帮忙以及陆飞自己多年工作经验的基础上，陆飞的家具公司终于正式运营了，虽然不庞大但也经营得有声有色。这时，陈燕和陆飞也在双方父母的祝福下举行了婚礼。

当你们的感情受到亲人的反对的时候，不要害怕，因为你们会因此将手牵得更紧。另一方面，也不要和父母作顽强的抵抗，因为你们的固执，父母就越会觉得你们不行。理性地去跟父母沟通，在你需要父母的理解和支持之前，你得先理解自己的父母，耐心地向他们讲述你们的爱情以及为了幸福婚姻而奋斗的决心。

子女的反应不要过激，要试着站在父母的角度思考问题，理解他们的良苦用心，再设法让他们将心比心地为你考虑，当你决定要积极、坚强地面对自己的感情和生活时，相信总有一天你的父母也会为之动容。

有节制地给予，才能保持爱的长久

许多人在热恋时都恨不得为对方付出所有，可以说他们一旦被爱情所俘虏，就会完全失去自我。这样的做法是错误的，刚开始就把火焰烧的这么热烈，之后再想爱情加温就很难了。

无论你的另一半多么优秀，不要一股脑地把自己所有的爱都给了对方，而是要像哄孩子一样，可以偶尔给他点甜头，但一定要把握分寸，将你的爱慢慢给予对方。

有节制地给予你的爱，首先要注意你不能全部进驻对方的生活，而要采取"部分参与"的方法，要充分尊重他的私人空间和他的个人秘密，而不要过早地介入他的生活的各个方面。

许多人常常感叹，爱情是那么脆弱，但聪明者知道感叹是毫无用处的。感情是需要细心呵护的，而不能急于求成，一下子把你的火热全部倾注给对方，连一个循序渐进的过程都没有，那无异于春天里突如其来升起一轮火热的太阳，让人感到目眩和窒息。

其实，恋爱中的你需要不断地给爱情降温，不能操之过急，以便产生一种神秘感，但是也要记住降温不能无限制，否则爱情便会荡然无存。别忘记也要学会给爱情加温，稍稍加快进程，例如在一些特别的日子给对方一些惊喜，让对方深深地感觉到你对他的在乎。

懂得"把爱慢慢给予"的人，他们的感情似乎不用怎样去努力，就可以一帆风顺。而对另一些人来说，他们可能谈了一次又一次的恋爱，却每次都以失败而告终。原因也许就是他们太快地把所有的爱都投入进

去，使得对方一时"消化"不了，就会产生腻烦心理，爱情自然就不会顺利了。

在没有爱的时候，很多人对别人谈起爱情都是头头是道，几乎是一个"爱情专家"，可当碰到自己的"真命天子（天女）"，就把以前的爱情理论忘得一干二净，因为过于珍惜，就愈加害怕失去，所以恨不得把毕生的爱都搜刮出来给他，恨不得一天到晚都贴在他的心口，听他的心跳。

可是，这样却非常容易激起对方的反感，因为你表现得过于爱他的时候，他就会对你不在乎。或者即便是他被你感动，但他对你的爱也不会持续多久，因为你的主动，使他变得被动，习惯于接受，他只会忘记付出。

因此，与其让对方的爱来得猛烈，去得迅速，还不如让它慢慢来，慢慢释放你的爱，控制好火候，掌握好节奏。这就像给他糖，一次只给一颗，健全又甜蜜。

若即若离，保持神秘感

男人都喜欢神秘、喜欢刺激，因为未知的精彩、冒险的挑战，会激发出男人不断探索的乐趣。恋爱中的女人们大可好好利用男人的这种心理，在与男人的恋爱较量中时刻保持若即若离的神秘感，让男人始终对你兴致盎然。

第一，保持自己独立的生活空间

就算你们的关系已经很明确了，也千万不要让男人觉得自己已经牢牢地占据你社交日程的第一位置。你要给他的感觉是：和他约会就像去

健身房或看电影一样，是你生活中再平常不过的娱乐。你要向对方作出暗示：他并没有掌控你们的关系，你的生活还是属于自己的，是独立的。

阿雅和男友交往了好一阵子了，几乎每个周末都在一起吃午饭。一次在用餐的时候，阿雅的男友不停地接电话，并且对周围顾客和餐厅装饰的兴趣似乎比对她更大。

于是，到了下一周，当男友打电话问阿雅周末的安排时，阿雅说因为一些事情周末无法和他共度了。于是，到了第三周的时候，阿雅的男友为了能够顺利约会，早早地预订了饭店和鲜花，还为阿雅准备了礼物。

你的忙碌会给男友制造心理压力，他明白必须要马上行动才行。记住，喜欢他，但不要丧失自己的生活空间，你的生活只是被他点燃而不能由他主宰。你展现在他面前的是一个现代年轻人应有的自信和独立。

现代人都害怕失去自由，然而当发现对方并不是那么需要和依赖自己时，那种对约束的恐惧感便消失了，却而代之的是迫切渴望成为对方生活中的一部分。一味地改变自我来趋附于对方，只会令男人们逐渐地疏远和冷淡自己，而不是更加迷恋你。

第二，适当地慢上半拍

即使你遇见了一个非常优秀的男人，并且你对他颇有好感，也不要过于主动地给对方打电话，对他的电话，更不能急于回复。雪莉·阿格曾经在她的作品《男人恋上坏女人》里这样说："有时可以让电话答录机或者手机的录音箱来回应。这会让他意识到你是一个值得等待和花心思的女人，所以，去让他为揣测你在做什么而绞尽脑汁吧。"

苏宁当初就是利用这招把男友迷住的。她的男友沈冰是个帅气又有型的男孩，早就习惯了被成群的女孩前呼后拥地包围和女孩们无条件地迎合。在与苏宁初次约会后，苏宁只给他留了家里的电话号码，而没有给他自己的手机号，因此，沈冰永远不知道她何时何地和谁在一起。而且，每当沈冰在她家的电话答录机里留下口信，苏宁总是拖上至少一天才给他回电。

当苏宁回电话的时候，他又会很急切地问她到底在哪里，苏宁则很懒散地说一些"和朋友逛街太累了"或"同事之间应酬太晚了"之类的话作为解释。后来，沈冰花了差不多半年的时间，才正式成为苏宁的男友，并一直觉得能追到她是自己最大的幸运。

每个人都喜欢自己的求爱过程富有挑战性。通过拖延回复电话这样的一个小小的细节，就证明了你自己不是一个简单的唾手可得的人，你有独立的生活和个性。而且，你还可以在这个过程中测试出他对你的用心程度，也可以看清楚他对你究竟是一时的兴起还是真心实意。

而当男士遇到女孩在使用这招时，如果他真的是发自内心的对女孩有好感，必定会把自己的真实感受毫不犹豫地表现给女孩看！

第三，懂得适当的拒绝

如果在和他约会后，你就深深地被征服了，同时你发现对方也喜欢上自己，并开始了热烈的追求攻势，比如，男士频繁地约你。这时如果你想使他对你保持长久的热情，就要用点心计，把你心中对他的感情压抑一下。你的"冷漠"会引起他格外的注意和惦念，甚至让他产生没有你就活不下去的强烈感觉。

所以，在对方有约会表示时，不要迫不及待地把同意说出口，要找借口推辞一下，如果说他有十次这样的表示，女士最多赴约三四次就可以了。你甚至可以说：今天晚上因为有另外的约会而不能和他在一起，很抱歉。这样他会为了你整个晚上都坐卧不安，而且，第二天他一定会充满醋意地追问你和谁约会了等，话语间会明显表现不安。当然，你也不能做得太过分，让他感觉到你根本不在乎他，你要适时地表现出对他的好感。总之，不要让对方觉得你们两个轻而易举就可以在一起了。

第四，当着对方的面大方地与另外的异性攀谈

凯莉在与男友的交往过程中发现这一招非常管用。在男友公司的周年庆典上，她坐在吧台前点了一杯名字特别的鸡尾酒，这一举动显然吸引了坐在凯莉旁边的一个男士的注意。于是，他们就聊了起来。刚交谈

几分钟，凯莉的男友就走过来，整整一个晚上都在她身边寸步不离。

看来，男人吃醋的心一点不比女人弱。一项关于社会行为的研究发现，男人打架往往是出于竞争的刺激。因此，聪明的你试着抛出一个香喷喷的诱饵——其实那就是你自己，接着就站在一边看他是怎样从躁动到疯狂吧！

为了保护自己在男人面前的神秘感，永远不要让对方以为除了他再没有别的异性对你感兴趣，你要让他知道你是个能令不少人神魂颠倒的人物，这会引起对方强烈的征服欲。

曾经写过《第一性》的作家海伦·费希尔博士曾这样说过："游戏是使爱情长保新鲜的良剂。这是符合人性哲学的。游戏带来的刺激和想象空间会使女性更加关注和欣赏。同样的，磨难的挑战也会激起男士们更大的兴趣。"在这场追逐爱的游戏当中，若即若离是使其充满粉色的神秘感和甜蜜的刺激的必要法则，如果你能遵守这一法则，你定能成为那个笑傲情场的人。

事实上，无论是男人还是女人，都要学会为自己保留一点神秘感，太过坦白对增进感情并无帮助。恋人之间的吸引力来自对方的神秘感。保留一点个人的小私密，令对方偶尔有新的发现，更有助于巩固彼此的感情。

第七章　与陌生人交往的心理应对

　　与陌生人打交道，最难的不是如何与对方说第一句话，而是难以找到突破对方心理阻力的方法。因此，在和陌生人交往时，要善于运用一些心理规律，去突破对方的心理防线，这是一种交际策略，也是使双方从戒备到轻松，从陌生到熟悉的最佳方法。

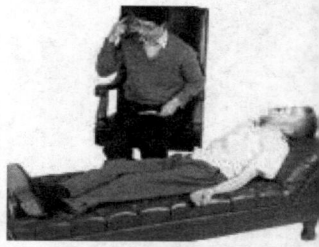

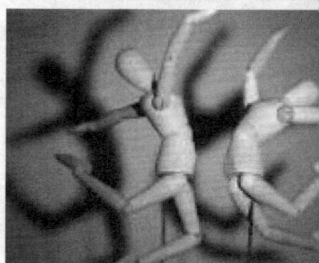

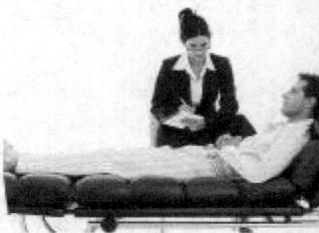

初次见面，保持安全距离

虽然是第一次见面，却总想尽快和对方熟悉起来。但是，人与人之间的交往不能操之过急。如果初次见面你就表现出像和老朋友一样随意的态度，举止毫无顾忌，说话也口无遮拦，势必会引发对方极大的反感。

心理学家作过这么一个试验：

会场中有一排 10 个依次排列的座位，在 6 号和 10 号位子上已经分别坐上了两个人。心理学家会安排另外两个与他们毫不认识的人依次进来坐下。通过多次反复实验，心理学家发现，第三位进入会场的人一般会选择 8 号位子坐下，而第四位入场的人一般会选择 3 号或 4 号位子。

为什么多次的试验会得到相似的结果呢？心理学家研究发现：陌生人之间在自由选择座位时，既不会仅仅挨着一个陌生人坐下，但也不会坐得离陌生人太远。如果紧挨着一个陌生人坐下，那么这个人就会急促地把身子移向另一边，有的甚至会移到另一个空位子上去；但如果坐得离陌生人太远，别人则可能会觉得你是因为瞧不起他才坐那么远的。

通过这个试验我们可以知道，人与人之间的交往需要一定的心理距离，如果过于亲密，会让别人觉得别扭和不安。只有在尊重别人心理空间的基础上，才能与他人保持一种和谐。

心理学家霍尔认为，人际交往中双方所保持的空间距离是人际关系的表现。研究发现，亲密关系（父母和子女、情人、夫妻间）的距离为 18 英尺；个人关系（朋友、熟人间）的距离一般为 1.5~4 英尺；社会关系（一般认识者、初次见面者之间）一般为 12~25 英尺，一般在工作环

境和社交聚会上，人们都保持这种程度的距离。

总之，在与人初次见面时，既不能过于亲密，也不能过于冷漠。比如，你可以直视对方的眼睛，以得到对方目光的支持，这样既不会让他感到不适，也不会让他感到被忽视。相互间的目光接触是交谈中不可缺少的感情交流形式。

初次见面的人之间往往都会有设防心理。因为对于你，对方一无所知，所以他们会小心谨慎，此时你不能为了消除对方的顾虑，获得对方的好感而谈及一些只适合与好朋友谈论的话题，比如，家庭、个人情感等。说话要把握好尺度，掌握好分寸，考虑这个话该说不该说。言多必失，过多地涉及个人私事会让对方觉得你很轻浮。

一次，杨光应邀去见一位客户，为了能给客户留下一个深刻的印象，杨光表现得相当热情。一开口就称兄道弟，不急着谈业务，反而闲聊家常，从自己做过的工作到自己的感情史，甚至最近有什么烦心事都说。杨光本来是想通过透露自己的一点私事拉近彼此的关系，没想到弄巧成拙。

杨光的举动一下子让客户觉得很难适应，因为以前彼此素不相识，刚见面就弄得像多年的老友似的，让人觉得特别不真实。而且面对杨光那些家常事，客户也不知道该如何回应，只是傻笑，弄得气氛很是尴尬。

过度的自我暴露给人一种强势靠近的压力，容易失去应有的人际距离。弄巧成拙的原因就在于忽略了一个"度"的问题。在与人初次见面中，尽管我们都希望能更快地打开对方的心扉，但必须记住的是：好印象也需要距离。距离是人们维持自己身心健康的基本要素，与陌生人过于亲密会给人一定的药理，只有掌握好这个"度"，才能赢得别人的好感和信赖。

把握与陌生人交往的心理距离应注意以下几个方面：不要过度暴露自己的隐私，并学会尊重别人的隐私，不随便打听、追问他人内心的秘密；要有容纳意识，尊重差异，容纳个性，过分挑剔只会让你与对方的

初次见面不欢而散；还有就是不要表现得过于热情。

保持适当的距离就是尊重他人，距离有助于释放自我和张扬个性，有助于对个人"私权"的保障。保持距离，才能够保持一种良好的感觉。

创造与对方共鸣的情境

我们在生活和工作中，经常要同各种各样的人打交道，包括各方面的陌生人。如果你懂得如何去接近陌生人，那么，双方就容易由陌生人变为朋友。否则，就可能失去与对方沟通的机会。

人的交往过程是一个双方互动的过程，这个过程包括交往对象和交往情境。与陌生人交往，我们的交往对象就是陌生人，这时，要引起对方的共鸣，首先要创造情境同一性。

与陌生人打交道时，如果你能进入这样的情境：自己深深地沉浸在对方的情绪状态中，自己完全能够感受到对方的心理，进而表达出自己对他的理解、关心、体贴和友爱。那么，对方就会积极回应你，对你产生好感。

1937年，韦尔斯作为《密勒氏评论报》驻北平记者准备赴延安采访。在一个深夜，她摆脱国民党势力和蓝衣社特务的监视，化装从窗户跳出驻地逃往延安。

到达延安的第二天早上，毛主席和朱总司令一同来看她。

毛主席说："欢迎你到延安来。"

韦尔斯说："我知道你的故事。因为我丈夫斯诺写了你的故事，是我给他打的字。"

毛主席听了会心地笑起来。韦尔斯立即从笔记本中取出一张照片，对毛主席说："我早就从这张照片上认识你了。这是斯诺给你照的。我从跳窗户出来时，只带了两样东西，一样就是你的照片，一样是一盒口红。如果你知道，一盒口红对美国年轻的妇女是多么珍贵，几乎什么都能贡献出来，而口红是不能丢的，你也就不会诧异了。"

诙谐的话语逗得毛主席哈哈大笑起来。

毛主席接过那张戴着红军八角帽的照片，眯着眼睛笑着说："我从来没有想到，我的照片会这么好看。"

从这里开始，双方感情上的距离一下子拉近了，谈话格外融洽起来。

韦尔斯对毛主席说："我在延安看到你，看到一位中国革命的领导人，就仿佛在美国的某个村落里看到华盛顿一样。"

毛主席点点头笑道："我知道华盛顿这个人。"

韦尔斯又说："不过，我读过斯诺给你写的传记，仿佛更像林肯的传记一样，而不像华盛顿。"

毛主席说："我知道林肯，也希望学习林肯这个人。他颁布了《解放黑人奴隶宣言》，胜利地进行了一场影响深远的资产阶级民主革命。民有、民治、民享这个口号就是他提出来的。"

韦尔斯笑道："而你是解放全中国人民的。"

这次清晨的会见是韦尔斯在延安漫长采访的序曲。由于韦尔斯一开始就点到了沟通双方感情的触发点，因而双方感情的距离很快便缩短了。韦尔斯的第一句话的目的是告诉毛主席：她虽然是第一次见到毛主席，但却不是陌生的，因为她曾为斯诺给毛主席写的传记打过字。这样的交谈就拉近了两人的距离。接下来韦尔斯拿出一张照片给毛主席看，并说她把这张照片当做最珍贵的东西。话说得很风趣，使双方感情进一步融洽。第三步韦尔斯三言两语道出了她对毛主席的评价，将毛主席同美国的华盛顿、林肯作了对比。这样一方面说明她本人已经对毛主席的革命活动有所研究，另一方面引起毛主席对她本人的信任与重视，说明

她并不是一个走马观花、出于好奇看看热闹的年轻外国女子。韦尔斯明白，只有在访问对象重视记者的来访并信任其诚意与能力的情况下，访问对象才能同记者进行深入的交谈。她要制造一个与毛主席一见如故的印象，而她确实成功了。

人们之间感情的认同和共鸣，是在交往过程中，通过交往情境刺激所形成的互通和互相感染的结果。特别是在与陌生人交往的时候，创造一种与对方发生共鸣的交往情境，恰当调整自己的感情，能很快赢得对方的喜欢和热情。

创造一个良好的交往情境非常重要。心理学家指出，在人际交往过程中，情境状态对双方的交往具有十分重要的作用。因此，我们应该重视创造一个能与对方发生共鸣的交往情境。

尊重，是交流的前提

人们生活在社会中，总是希望得到别人的尊重，即使是对自己，也该认认真真地给予尊重，即自尊。人和人有分工之别，但没有贵贱之分，谁也绝对不能说出伤害他人自尊的话，否则，话一出口，犹如覆水难收，再想恢复到原有的相互对等的关系便十分困难。

作家叶曼说："言理不要攻人心头，笑谑不要刺人骨髓，以此施之于君子则坏德，施之于小人则坏身。"同别人谈话时，口气非常重要，同是一种意思，同是一个出发点，言辞表达得过于激励，就会伤害到对方的自尊，一个人如果经常有意无意地伤害他人的自尊心，就会产生许多不良影响。如果有一方被轻视了，那双方的沟通就不会有好的结果。

有姐弟俩骑自行车出游，时至黄昏，住处还没着落。这时他们看见一位老年人走过来，弟弟便高声喊道："喂，老头儿，离旅店还有多远？"老人回答："5里！"

姐弟一想也不远，就向前赶路。结果两人骑了10多里，仍不见人烟。弟弟暗想，这老头真可恶！睁着眼睛说瞎话。姐姐也是一边骑着车子，一边发着牢骚："5里，5里，什么5里！"猛然，她大声说："那位老人的'5里'不正是'无礼'的谐音吗？他一定是怪我们没礼貌了。"

于是，姐弟急忙往回赶，见那位老人还在路边。这次姐姐走上前，亲热地叫了一声："老大爷，刚才是我们不好。不过您大人有大量，应该不会怪罪我们吧？"

话没说完，老人就说："你们已经错过了可以投宿的地方，如不嫌弃，就到我家住一晚上吧！"姐姐连声说："您心地真好，这条路我们不熟，幸亏遇见您了，否则我们还真不知道晚上怎么过呢？刚才我们也是着急，不礼貌之处，您就原谅了我们吧！"

姐姐这几句话说得老人高兴地笑了。

沟通是彼此的事，一个巴掌拍不响。只有学会尊重他人，从他人的角度理解问题，才会有真正意义上的沟通。你喜欢别人，别人也会喜欢你；你尊重别人，别人也会尊重你。实际上，在人际交往中尊重别人是一个重要因素。

人格，对每个人来说，都是最重要、最宝贵的。对每一个人来说，都有这样一个愿望：那就是使自己的自尊心得到满足，使自己被了解、被尊重、被赏识。不要降低别人的人格，不要伤害别人的自尊心，因为，只有尊重别人，别人才会喜欢你。你满足别人的精神需求，别人才会满足你的精神需求。

有一年圣诞节前夕，那时安东尼还小，在故乡辛辛那提的小镇，与父亲出外去购物。安东尼的父亲是一位心胸开阔、仁慈宽厚的人。他对任何人均能满怀爱心。不论是谁，父亲均能亲切地与他聊天。他其实是

一个真正快乐的人，他对任何人都打内心尊敬他们，不但看他的外表，更能深入观察他的内在。而他也有敏锐的透视力，是一个懂得人性的人。

那次，安东尼抱着很多包裹，走得好累，脾气也愈来愈急躁。心里只想着赶紧回家。那时，一个又老又脏，满脸胡子拉碴的乞丐走了过来，向安东尼伸手要钱。安东尼赶紧把他的手推开，很不耐烦地叫他走开。

当他们走开几步，乞丐听不到安东尼说话的声音时。"你不该对一个人这样，孩子。"父亲对安东尼说。

"可是，爸爸，他只不过是个乞丐。"

"乞丐？"他说，"世间并没有所谓的乞丐。他也是一个人。他也许并没有做得很好，但他仍然是一个有尊严的人。我们对任何人都应该保持一种尊敬的心情，现在我要你把这个交给他。"父亲从他的皮夹里掏出一张1美元的钞票给安东尼。就当时他们家的情形的言，这是一笔大数目。"照我所说的去做，走过去拿给他，并且恭恭敬敬地说，送这1美元给你。"

"不，我不说，"安东尼拒绝道，"我不要这样说。"

父亲坚持说："去，照我说的去做。"

于是，安东尼跑到老乞丐面前，对他说："对不起，送给你1美元。"这个老人看着安东尼，非常惊讶。然后，他的脸上浮现出愉悦的笑容。他的笑容让安东尼忘记了他的肮脏及满脸的胡子。这时候，安东尼便能看清他的真面目。他内心潜在的高贵特质也显现出来，他向安东尼鞠躬说："谢谢你，谢谢你。"

安东尼先前的怒气和烦恼顿时消失得无影无踪，突然之间，安东尼觉得好快乐，一种深度的快乐。同样是一条街，此时看起来也特别美丽。当然，这是任何一个人所能得到的最愉悦的经验。从此以后，安东尼尽一切努力去看待每一个人，就像父亲对他们一样。而这一切，带给安东尼莫大的喜悦。

作为社会中的一员，能不能、会不会尊重别人，是一个现实生活的

重要问题。如果别人在你这里得不到尊重，就不可能做到尊重你，轻则会拿你做宣泄对象，重则使你的人际关系紧张，缺少凝聚力，甚至会造成你事业的失败。

尊重是加速别人自信力爆发的催化剂，尊重是一种基本的激励方式。相互尊重是一种强大的精神力量，它有助于人们之间的和谐，有助于社会精神和凝聚力的形成。

每个人在人际交往中都渴望得到别人的尊重，而要得到别人的尊重，首先应尊重别人，如何做到尊重别人呢？

1.在"心理"上尊重别人。有地位高低之分，无人格贵贱之别，不以位高自居、自足、自傲，才可能做出尊重别人的行动。

2.在"角色"上尊重别人。要善于根据时间、地点的变化及时转变角色，做好每个角色应该做的。还要根据对方的年龄、身份等因素转化语气、语速、话题等，表现出对人的尊重。

3.在"态度"上尊重别人。交际中，采取什么样的态度体现着你对别人的尊重程度。比如注意倾听、谦虚礼貌、实事求是，都是尊重别人的表现。

4.在"礼仪"上尊重别人。礼仪不仅体现个人修养，还能体现出对他人的尊重、赢得别人的好感。蓬头垢面、不修边幅、轻佻之举等都是不尊重人的表现。

5.在"时间"上尊重别人。别人准时赴约，你却姗姗来迟，浪费了别人的时间，耽搁了人家的事情，这是一种不尊重他人的表现。和朋友约好了时间，就要准时赴约。

6.在"问话"上尊重他人。别人正谈得火热，你却不断插话，别人忌讳的问题，你却紧紧追问，都是不尊重他人的表现。问话要把握时机、分清是否该问。

7.在"场合"上尊重别人。例如在朋友的结婚喜宴上应谈些喜庆的话题、吉利的话题。如果你尽谈些令人扫兴的话，就是不尊重朋友。

称呼要得体，切莫太随意

与陌生人打交道的第一句话往往是称呼对方，如果你的称呼对方满意，那么就能在第一时间赢得对方的好感。相反，若你称呼不当，对方给你的"印象分"就不会高，那么接下来的交谈就很难愉快地进行了。

一般说来，从大的方面看，可将称呼分为两种不同的形式：一种表示随便或亲密，主要以"你"相称；一种表示尊敬或客气，主要以"您"相称。这两种称呼对应不同的称呼对象，以"你"相称，表明你与对方地位平等，例如兄弟姐妹之间可用"你"相称，与你年纪相仿的人也可以"你"相称；以"您"相称，表明双方地位不平等，例如初次见面的主人与客人之间一般用"您"互称，这是为了表示彼此尊敬。通常长辈对晚辈用"你"称呼，而晚辈却只能用"您"来称呼长辈。

一位 20 岁的年轻人刚到北京不久，想去天安门，但又不知道坐什么车去，所以就想通过问路获知乘车路线。他叫住了一位老大爷，礼貌地问："先生，请问从这里坐什么车可以去天安门？"大爷看着他笑着说："我不是先生，你找个先生问问吧。"

年轻人以为那位大爷年纪大了，不知道怎么去天安门。所以，他接着问路人。他找了一位三十岁左右的清洁工，问道："阿姨，你知道从这儿怎么去天安门吗？"这位女清洁工很不高兴地指着对面的站牌说："你去那里看看吧。我也不清楚。"

年轻人这下纳闷了：难道自己做错了什么？怎么大家都不肯诚心为我指路呢？最后，他只好叫了一辆出租车去天安门。

年轻人明知别人没有诚心告诉他乘车路线，却找不出原因。其实，别人之所以不为他指路，就是因为他称呼用语使用不当，导致别人听了不舒服、不高兴。但遗憾的是，年轻人却没有认识到这点。

显然，面对陌生人对自己的称呼，人们都很在意称呼与自己的身份和年龄是否相称。如果不相称，那么对方会觉得很不舒服。所以，怎样准确满足对方的称呼需要，就是需要我们多加注意的事情。

在与陌生人打交道之前，我们不可能首先就问对方，该怎么称呼你合适，所以我们只能根据他的衣着打扮来判断对方的年龄，然后给对方一个较为合适的称呼。

第一，称呼陌生人时，最好用"您"来称呼对方，这样会显得更尊重对方。无论你的年龄是否大于对方，称呼对方"您"都是一种礼貌。通常这是称呼陌生人的最好用词，因为你不知道对方的姓氏、年龄。

第二，用"先生"、"姓+先生"、"名+先生"、"姓+名+先生"称呼对方，表示双方地位平等。如果你在与陌生人会面之前，得知对方的姓氏、年龄，如果对方年龄与你相仿，假如对方姓李，你可以称呼对方"李先生"。这种称呼一般表示地位平等，并还有中性、尊重、严肃的色彩。

第三，用"姓+女士"称呼中年女性，用"姓+小姐"称呼年轻女性。

第四，用"姓+身份"、"姓+职业"称呼对方，如"王经理，你好！""李主任，你好！"

第五，用"姓+哥"、"名+哥"或"姓+姐"、"名+姐"称呼年龄比自己稍大的男性和女性。这是近年来较为流行的称呼，称呼里带上"哥"、"姐"显得分外亲切，尤其女性喜欢这种称呼，因为这样还能缩小彼此间的年龄差距。

当然，人际关系复杂多变，人际称呼也不可能固定不变。因此，人际称呼既要注意常用的规范性，也要注重适当的变化性。总之，选择适合的称呼满足对方的心理需要，才能起到取悦他人的作用。

"没话找话"，打开话匣

很多时候我们都需要与陌生人打交道，但如何寻找交流的话题一直是最让人头疼的事情。很多时候我们不知道如何将谈话进行下去，其实这其中是有技巧可循的。

具体说来，我们究竟应该如何"没话找话"呢？

在与陌生人打交道之前，你首先要给对方一句礼貌的问候。因为只有当别人觉得你是一个懂礼节的人时，才会有与你交谈的兴致。当对方把注意力转移到你身上，打量你一番后，你们的谈话就开始了。但遗憾的是，你并不了解这位陌生人，他也不了解你，你们很有可能不知道聊些什么。那么从这时开始，你就应该发挥"没话找话"的能力。

"没话找话"不是瞎扯胡闹地找话题，而是尽量找到对方感兴趣的话题，吻合对方的心理，这样对方才会打开话匣子，与你开心地交谈。

郭跃是一位商人，他非常擅长与陌生人打交道，特别是在"没话找话"方面更是有着独到的技巧。他说："与陌生人交谈经常会出现哑语的场面，这时我就很努力地'没话找话'，以把谈话继续下去。"

有一次，郭跃去参加一个产品展示会，由于到达较早，他就在展览馆门口与陌生人搭讪起来。郭跃看看最近的一位陌生人，说："哎，今天的天气真不错啊，真是一个参加展会的好天气！"但对方并未理睬。郭跃就问对方："先生，你也是来参加展会的吧？来得挺早啊！"对方侧过脸来看了郭跃一眼，百无聊赖地答道："你不也一样很早吗？"郭跃笑着说："是啊，如果我来晚了就没机会和您闲聊啦。"

接下来，郭跃把话题转入交通，因为交通顺畅所以才提早抵达；继而又说到交通工具，当郭跃获知对方有车的信息后，就称赞这款车质量、生产厂家的知名度、省油、平稳等等。不知不觉他们就聊到了一起。展示会开始的时候，他们互换了名片，然后进入会场。

后来，郭跃和那位陌生先生成为了朋友，并合作过几次生意。

抓住对方得意的事情作为谈资，会很轻易拉近彼此的距离，使谈话气氛更加轻松愉悦。然而，很多人在与陌生人交谈中经常找不到话题，聊着聊着就戛然而止，这很容易搞得大家面面相觑，甚是尴尬。如此一来，又怎么能继续拉近与陌生人的距离呢？所以，与陌生人"没话找话"还需要掌握一些基本的套路。

第一，用心观察

通过你对陌生人的观察，你可以判断对方的大致性格和喜好。例如，根据对方的衣着外貌，你可以发现对方对哪些颜色比较感兴趣；通过观察对方的表情和发型，你可以判断对方的性格。所以，在与陌生人的交谈中你可以先从这些方面入手，试探性地了解对方。

第二，分析对方透露的信息

当你们开始交流，你就能充分地利用从他口里透露出来的信息，借此提一些相关的意见或问题，以表现自己的好奇。而一旦对方发现你对他的事情感兴趣，他也会乐意告诉你更多的信息。这就为你们的交谈找到了话题，而且是对方很愿意聊的话题。

最好寻找对方也熟悉的人和事，以此牵线搭桥，引出话题。还可以巧妙地借用彼时、彼地、别人的某些材料为题，借此引发交谈。有人善于借助对方的姓名、籍贯、年龄、服饰、居室等，即兴引出话题，也常常会收到好的效果。

或者当别人作完自我介绍时，你可以对他的名字表现出兴趣。比如，你可以重复他的名字，并夸奖这个名字很好听，或者很少有人会有这样的名字、很有品位等等；或者，你可以再具体问对方名字的写法，以示对他的尊重。这样一来，你就能迅速赢得别人的好感。

第三，提及对方的嗜好与兴趣

随着你对他的了解，你可以提及他的嗜好与兴趣。提及对方的运动嗜好，可能你们都喜欢羽毛球；提及对方的学校，有可能你们是同校同乡；提及对方熟悉的事物，能勾起对方谈话的欲望。

谈对方喜欢的话题，很容易拉近彼此的距离。例如旅游中，你可以找一些轻松愉快的话题，如当地的历史、著名的风景、各自的感受等等。同时，在交谈中你要表露出大方得体、轻松自然的神情，要用最自然的声音说话，才能真正打动人心，不要因为紧张而失真。同时语言表达要简单清晰，切忌啰唆。

表达坦诚，避免虚伪

虚伪的个性，是人类最要不得的缺点。一个人只要有勇气撕破自己虚假伪善的一面，这个人才更真实可信赖，并且，这个人的人性才有可能更接近完善。所以很多时候，人们更喜欢与勇于说实话的人接近和交往，因为，有胆量实话实说的人，他们的灵魂里有自信与磊落做厚实的底牌。

有位成功人士说得好："有能推至诚之心而加以不息之久，则天地可动，金石可移。"

1915 年，小约翰·洛克菲勒成为科罗拉多州最受轻视的人。工人为了争取自身利益，要求科罗拉多州煤铁公司提高工资，愤怒而粗暴的工人捣毁厂房，砸坏机器。政府最后出动军队镇压，发生多起流血事件，罢

工者被枪杀，尸体遍布街头，场景极其残忍和野蛮。这次罢工持续了两年之久，成为美国工业史上最血腥的一次罢工。

在那种充满仇恨的气氛下，作为公司的所有者洛克菲勒尽力平息工人的愤怒，希望他们接受他的意见。他先花了几个星期的时间深入到工人家中，尽管遭到一些工人的拒绝，他仍顶着巨大压力走访每一个受害家属，与他们成为朋友，然后他对工人代表发表了精彩演讲。

"今天是我一生最值得纪念的日子，"洛克菲勒开始说，"这是我第一次有幸会见这家伟大公司的劳工代表、职员和监工，大家会聚一堂，商讨公司的未来发展。我可以告诉各位，我很荣幸到这里与大家会面，在我有生之年我不会忘记这场聚会。

"这场聚会如果在两个星期前举行，我对今天到会的大多数人一定很陌生，我只认得几张熟悉的面孔。上周我有机会去南区煤矿所有的工棚视察了一遍，与各位代表进行过个别谈话，除了不在场的代表，统统见过面了。我拜访过你们的家庭，见过各位的妻子和儿女，今天我们以朋友的身份相互见面，我们不再是陌生人了，我们之间已经有了友善互爱的精神，我很高兴有机会与各位代表讨论我们共同的利益问题。

"既然聚会应由厂方职员和劳工代表共同参加，我能来此参加聚会，多谢大家的支持。因为我既不是劳工代表，也不是厂方职员，但是我觉得我与你们的关系十分亲密，因为就某一方面来说，我代表了股东和董事们。"

面对几天前想把他吊死在酸苹果树上的工人们，洛克菲勒言辞恳切，他的话比传教牧师还要谦逊和蔼，他用了一些能拉近彼此关系的句子，如"我很荣幸到这里与大家会面"、"我拜访过你们的家属"、"见过各位的妻子和儿女"、"今天我们以朋友的身份相互见面"。这场演讲太精彩了，取得了良好的效果，不仅平息了要吊死洛克菲勒的仇恨风暴，而且还赢得了不少崇拜者。

洛克菲勒向工人提供了充足的事实，说明公司面临的处境，友善地

劝说工人们回去工作，工人们接受了他的意见，暂时不再谈提高工资的事，一场愤怒就这样平息了。

洛克菲勒友善地化解了公司与工人之间的矛盾，他没有和工人争论，没有用政治的手段吓唬工人，也没有用严密的逻辑论证他们离谱了，假如那样的话，只能导致更多的仇恨和反抗。洛克菲勒巧妙地运用"真诚待人"的道理，以友善和蔼的态度化解了工人的愤怒，最后化敌为友。

1908 年 4 月，国际函授学校丹佛分校经销商的办公室里，戴尔·卡耐基正在应征销售员工作。

经理约翰·艾兰奇先生看着眼前这位身材瘦弱，脸色苍白的年轻人，忍不住先摇了摇头。从外表看，这个年轻人显示不出特别的销售潜力。他在问了姓名和学历后，又问道：

"干过推销吗？"

"没有！"戴尔·卡耐基答道。

"那么，现在请回答几个有关销售的问题。"约翰·艾兰奇先生开始提问。

"推销员的目的是什么？"

"让消费者了解产品，从而心甘情愿地购买。"戴尔·卡耐基不假思索地答道。

艾兰奇先生点点头，接着问："你打算对推销对象怎样开始谈话？"

"'今天天气真好'或者'你的生意真不错!'

艾兰奇先生还是只点点头。

"你有什么办法把打字机推销给农场主？"

戴尔·卡耐基稍稍思索一番，不紧不慢地回答："抱歉，先生，我没办法把这种产品推销给农场主，因为他们根本就不需要。"

艾兰奇高兴地从椅子上站起来，拍拍戴尔的肩膀，兴奋地说："年轻人，很好，你通过了，我想你会成为一名出类拔萃的推销员。"

艾兰奇心中已认定戴尔将是一个出色的推销员，因为测试的最后一个问题，只有戴尔的答案令他满意，以前的应征者总是胡乱编造一些办法，但实际上绝对行不通，因为谁愿意买自己根本不需要的东西呢？

其他参加面试的人当然也知道"把打字机推销给农场主"难于上青天，但是，为了应付面试，他们不敢说实话，很虚伪地瞎说一通，恐怕被人怀疑自己的能力。而那些敢说实话的人，不但表现了自己的诚实，更展示了自己的自信。

在社交活动中，坦诚是被人视为一种优秀的品德，也成为许多人效仿的处世原则。坦诚的基础是心底真实、忠厚、诚挚，如果离开坦诚一味追求精明，那么只能走向圆滑、虚伪的邪路。

如何掌握坦诚的艺术呢？社会心理学者认为应从以下几方面入手：

1.及时掌握不同对象的心理特征、兴趣爱好以及他们的职业，采取与其相应的社交方式。要做到这点，不仅需要掌握一些心理学、社会学知识，也需要在社会实践中注意观察和学习。

2.根据情境的变化，扮演不同的角色，选择最恰当的表达方法。表达方法一般有以下 **4** 种：

①委婉法。即当你不愿说出来某件事情而又不得不说时，可用适当的词语来暗示，用隐喻、借喻来提示，使对方从侧面得知而又容易接受。

②征询法。即讲出自己的一部分意见，或不讲观点，观察对方的反应，或征询对方的意见。然后根据反应和意见决定自己的表达方法。

③隐瞒法。即隐瞒事实真相，或不揭示问题的关键部分，以免引起对方的不良反应。此法对危重病人等较为适宜。

④回避法。即当对方的态度、意见与自己相悖，或一时难以接受时，不直接表示反对或拒绝，而采取拐弯或岔开话题等方法来对待。

3.及时注意对方的反馈信息。从社会心理学角度看，社交活动实质上也是一种感情或物质的交换。因此，在交往中随时注意自己的情感、言语、行动等信息输出后的效果如何，然后根据反馈的信息及时来调整自己的情绪和行动。

别把"世故"当做"成熟"

生活中，青年人总觉得为人处世难，渴望自己早一些成熟起来，可往往却又无法分清成熟与世故的界限，陷于世故的泥坑。那么，到底怎样区别成熟与世故呢？

成熟者能看到社会或人生的阴暗面，却不被阴暗面所吓倒，表面上沉静而内心却有一腔热血。因为，面对黑暗面，有不平而不悲观，既坚信希望在于将来，又执著于今天的努力。世故者也看到社会的阴暗面，但他们分不清主流和支流，本质和现象。他们因为曾在事业、理想、生活、爱情等方面遭受打击或挫折便冷眼观世，觉得人生残酷，社会黑暗。他们自以为看透了社会和人生，以"众人皆醉我独醒"自居。在生活中，成熟与世故的具体区别表现为：

第一，真诚与虚伪

成熟者知道社会是复杂的，因此人的头脑也应当复杂些好。遇事要自己思索、自己做主、不轻信，不盲从；与人交往，考虑复杂些而不失其赤子之心，"和朋友谈心，不必留心"；如果遇见不熟悉的人"切不可一下子就推心置腹"，因为这样既不尊重自己，也不尊重别人，可以多听少谈，真正了解后才可以敞开交流思想。这是鲁迅先生待人的经验之谈。世故者由于过多地看到人生和社会的阴暗面，因而错误地认为人世间没有真诚可言。与人作"披纱型"的交往。犹如信奉伊斯兰教的妇女披着自己的面纱一样，把自己的内心世界封闭起来。对人外热内冷，处处设防。同友相交，虚与周旋，别人的事自己探听尤详，自己的事隔墙难闻，

说给别人听的，尽是些"不着边际"的话。

第二，互助和利用

成熟者在处理人与人关系上，坚持互惠互利，互帮互进的态度，有福共享，有难共当，患难时见真情，世故者对周围人采取于己有用者交往之，于己无用疏远之的态度。交往的热情，则同于己有用之程度成正比。即使是对同一个人也不例外。

第三，坚持原则与看风使舵

成熟者遇事头脑冷静，坚持原则，有主见，自己该干什么仍干什么。世故者观风向，看气候、见什么人说什么话，投人所好，八面玲珑，采取"随风倒"的处世方法。就如有人所刻画的那样：当世故者同多愁善感的人交际，便把自己打扮成多愁善感的人，说话时，眼睛里有时还会泪光闪闪，转身同性格多疑的人交际，他又会俨然装得深沉起来，与对方一起分析别人如何有可能损人利己，奉劝对方应采取的态度和对付方法；而同率直爽朗的人谈话时，他又会马上变得嫉恶如仇，真想马上为朋友打抱不平，两肋插刀；然而同喜欢息事宁人、凡事调和的人在一起时，又显示老谋深算、久经风霜的样子，把那些正直的举动，说成"简单"和"幼稚"，仿佛一切发生的麻烦都是因他不在场而造成的。逢人迎合不吃亏，他中有我成"朋友"，是变色龙者的秘方。

第四，直面现实和玩世不恭

成熟者对事敢于发表自己的意见，敢作敢当，有"舍我其谁"的大丈夫气概，往往小事糊涂，大事清楚。世故者游戏人生，采取滑头主义和混世主义态度，专搞中庸，惯于骑墙，他们和人可以谈天说地，但只是摆现象，不下结论，迫不得已时也有些不言而喻，"大家早已公认"的结论。遇有原则问题需要辩明时，则莫问是非曲直，要不然就是模棱两可，怎说怎有理的话；与人意见不一时，便以"今天天气……哈哈哈"的态度加以回避。对于社会上存在的种种乖巧行为，虽知其隐秘，却不露声色，做冷眼旁观者，既可明哲保身，又可留条退路。

成熟是人生成功的重要标志，世故者只能把人生引入歧路。世故在人际交往中留下的印象是不可信、不可靠和不可近。一个这样的人，自然很难在人生舞台上有出色的表演。

分析对方性格，见机行事

在社交过程中，要学会对不同的人作具体的性格分析。对性格活泼、个性开朗的人可以比较随意地开玩笑；但是对性格内向的人，交谈的时候需要耐心；对于性格耿直的人，可以对他们直言不讳，既不会引起反感还会引起对方的共鸣；而对那些性格多疑、小心眼的人，说话则要小心谨慎，开口前要再三酝酿，注意不要得罪对方。这种交谈方式就是所谓的"见机行事"。

在社交中必须要针对不同的人作不同的分析。比如有些以往性格拘谨的人，也会在高兴的时候表现出可能只是一瞬间的活跃，如果能把握住这"一瞬间"，向对方提出要求，只要是合理的，对方都有可能很容易地答应下来，达到沟通的目的。还有的人平时显得温文尔雅，但可能因为某些事情变得狂躁，在这个时候千万不要随意讲话，以免触怒了他，自讨没趣。

与人交流前，要对交流对象有一个基本的了解，要能找到适合的、对方能接受的话题。要学会察言观色，一旦发现对方对你的话题没有兴趣，表现出不耐烦时，就应马上想办法转换话题，避免尴尬。

王宁是一家保险公司的业务员，工作一年了，他每个季度的业绩都排在最后一位，无论怎么努力都无济于事，于是王宁就向主管求教，主

管让他带着自己一起去找客户，要看看王宁是怎么工作的。他们先到了一个高级社区里，王宁敲开一扇门，开门的是个家庭主妇。王宁向对方推荐人身财产保险："太太，你的丈夫是个整天飞来飞去的生意人，俗话说'人有旦夕祸福'，天灾人祸是躲不过的，买这个意外伤害保险可以让你免除后顾之忧，即使你丈夫出了事，也会有大笔的赔偿金。""你怎么能这么说话呢？"王宁的话触怒了对方，"你简直是在诅咒我的丈夫！请你出去，我不买什么保险！"王宁只好丧气地走了出去。

一直和他在一起的主管目睹这一切后，对王宁语重心长地说："对方虽然是家境良好的家庭，但也对什么意外之类的事情很在意，你那么说不适时机，触犯了人家的忌讳，当然不可能推销成功。"

主管带着王宁走到另一家，迎接他们的仍然是个家庭主妇。进了对方的家里之后，主管并没有马上谈及保险的事情，而是和那个主妇随意聊天，聊到一家之主的时候，主管"无意"中说起最近常发生空难，感叹世事的无常。这话题引起了主妇的共鸣，感叹那些失去亲人家庭的不幸。"虽然失去亲人的痛苦是用金钱也弥补不回来的，可是钱至少能让人心里有一点安慰，我也是个经常在外面跑的人，所以买了保险，希望能在万一出事的时候，让家人不至于因为我的意外影响了正常生活，即使我真的出事了，心里也多少有点安慰。"

主管的话让主妇很受触动，她表示每次丈夫外出自己都很担心，怕一旦丈夫出事自己伤心难过是一回事，更担心这个家会因此没有了经济支柱，自己又没有工作，无法继续照顾孩子和赡养老人。不等主管提出买保险的事，这个主妇就主动表示要为全家人上保险。出来之后，主管告诉王宁，要根据不同的对象说不同的话，话要投机，时机是关键，否则很容易得罪他人。

社交的过程是个瞬息万变的过程，相同的人会有不同的情绪变化。一个真正善于社交的人应该是善于观察的，能对社交对象可能出现的临时的心理随机应变。

只单纯地研究社交对象的身份是不够的，因为即使相同身份的人，他们的个性特征仍然有很大不同，所以在研究这些人身份的基础上，还必须仔细研究他们的性格特征，他们的兴趣、爱好等，才能说话投机。

关怀体贴，以情感人

人与人之间的交往，很大程度上就是心与心的交流，尤其是面对陌生人，你唯一能打动他的武器就是"语言"，即用能温暖人心的语言对陌生人实行"攻心战"。在与陌生人交往时，给人一点温暖，哪怕是一句真诚的话语，一个体贴的动作，有时也能打动陌生人的心。

赵刚的生意很红火。由于业务发展的需要，他想买一间市区街面房。他相中了一间很合适的街面私房，然而这间房屋的产权人是一位顽固的老先生。赵刚来来回回跑了不下百趟，老先生只是说"祖业不肯弃"，因此赵刚没法与他谈成。尽管如此，赵刚还是不死心，一有空就跑去跟老先生交涉、恳求一番。

在一个大风雪的日子，赵刚像往常一样，到老先生的住处去拜访，但还是没有结果。第二天，这位老先生却很意外地出现在咨询部赵刚的办公桌前，脸上浮现出从未有过的愉悦。赵刚非常客气地请他进屋，老先生说："赵刚先生，我今天来，本来是要彻底拒绝你的要求的，但刚刚发生了一些事，我改变了主意。"赵刚听他这么一说，不知道究竟发生了什么重大的事情，满腹狐疑。

"赵刚先生，那座房子我同意先租两间给你用。"老先生继续说道。

赵刚听后又惊又喜。

原来，老先生出门后，换了好几趟车，才赶到赵刚的公司。途中他曾多次向人问路，年迈的身体很受了一番颠簸，因此铁了心要严厉地拒绝赵刚，不允许他再打扰自己。可是到达这里后，一位女职员热情又温柔地接待了他，看他的鞋和裤子都被泥水弄得脏兮兮的，不仅不嫌弃，还拿出一双棉拖鞋请老先生穿上，并递上一条干净的毛巾请老先生擦拭，而后还把他扶上楼。这位女职员对老先生的态度，就像女儿照顾父亲一般体贴、温暖，使得老先生大为感动。后来，老先生了解到这位女职员正是赵刚的妻子，更是感动不已，以致立刻改变了主意。

赵刚多次奔走却得不到老先生的应答，而今天妻子对陌生人的真诚关怀与体贴，却扭转了局面，使得"顽石"终于点了头，这使赵刚沉思了良久，反省起自己平时的言行来。

关心别人、体贴别人的善心有时能起到不可思议的作用，它有时能够融化沟通的坚冰。因此在与陌生人相处时，要主动给对方一些关怀和温暖，这是获得人心的不二法宝。

上大学半年多了，同学们从没见汤姆笑过，这引起了班长杰克的注意。平时汤姆从不和别人主动聊天，也不爱说话，只顾一个人低头学习。半年来除了学校他几乎没去过其他的地方，由于他性格孤僻，同学们给他起了一个外号叫"孤独大使"。

有一次，汤姆的一个亲戚来看他，杰克才从汤姆的亲戚那里了解了他的不幸。原来汤姆很小的时候父母在一次车祸中丧生，由于没有了生活的依靠，汤姆和妹妹不知道该怎么活下去。幸好远方的舅舅闻迅赶来，把兄妹俩接到了舅舅家。舅妈是一个好生事端的人，对汤姆和妹妹十分苛刻，动不动就责骂甚至动手打他们。

一次妹妹发高烧，舅舅不在家，汤姆求舅妈带妹妹去看病，舅妈不理他，等舅舅回来后把妹妹送到医院，妹妹的眼睛就再也看不见东西了，从此以后，他再也不愿意和别人说话，除了妹妹，……

杰克知道了一切后，主动找汤姆谈话，杰克说："汤姆，我为你的不幸深表同情，希望我能帮助你。"汤姆只是看看他，没有说话。可是杰克并没有放弃对他的帮助，他把汤姆的事告诉了同学们，并让大家一起想办法，让汤姆快乐起来。

因为汤姆的拒绝，谁也没想到更好的办法。杰克忽然想到汤姆的妹妹是发烧导致的失明，也许能治好，于是他请教了医生。医生告诉他要看什么情况，一般情况下是可以治好的。

这一点希望点燃了杰克的心，他回去组织同学策划捐款行动，然后背着汤姆把他的妹妹接到医院。经过检查，医生说可以治好，这让他和同学们也高兴不已。

这段时间汤姆见同学们都怪怪的，而且他们都用一种异样的眼光看他，以为是杰克把他的事向同学们宣扬开而导致的，于是对杰克更加冷漠。

直到一天，杰克对汤姆说："汤姆，门口有人找你。"汤姆疑惑不解，因为平时从来没有人找过他，但他还是向门口走过去。当他看见自己的妹妹时，眼睛湿润了，妹妹也流下了高兴的泪水，"那是你吗，我的妹妹？"

"是的。哥哥，我是你的妹妹。"汤姆再也控制不住自己的感情，跑过去抱住了妹妹。

"怎么，你的眼睛？"

"是的，我可以看见你了！"

汤姆不解地问："到底发生了什么事？"

妹妹把发生的一切告诉了汤姆，汤姆一切都明白了。从此，汤姆和杰克成了好朋友，他的性格也逐渐变得开朗起来。

关怀与体贴，像一贴清凉剂，可以沁人心脾，感人肺腑。一个善于交际，关心、体贴别人的人，一定是个能为对方着想、欣赏对方、处处满足朋友需要、解除他们的困难，而又避免去麻烦对方的人。所以，要成为受欢迎的人物，不仅要懂得什么时候锦上添花，更要懂得雪中送炭。

也许，社交场合讲究的是方法、手腕，有些人并不以为"关心与体贴"是最重要的，但是，别忘了古训：路遥知马力，日久见人心，只有真情才能历久弥新，使友谊的芬芳愈陈愈香。如果我们始终以同样的一颗赤子之心与人相处，还怕没有朋友吗？久而久之，你就是社交场合中最受欢迎的名人。

控制交往节奏，不可操之过急

美国心理学家弗里德曼和弗雷泽曾经作过这样一个实验，他们派一位大学生随机访问一组家庭主妇，请他们将一个有关安全驾驶的小标签贴在自己家的篱笆上。这是一个小小的、无害的要求，对于那些从未和大学生打过交道的妇女们来说，是微不足道的，对她们也没有什么损失，因此都愉快地接受了。两周后，这位大学生再次访问这组家庭主妇，请求她们在今后的两周时间里在院内竖立一个呼吁安全驾驶的大招牌，且该招牌很不美观。结果，这些家庭主妇中有 **55%**的人接受了这项要求。同时，弗里德曼和弗雷泽又让另一位大学生访问另一组家庭主妇，直接请求她们将这个很大又不美观的呼吁安全驾驶的招牌立在院子里。结果，只有 **17%**的人接受了该要求。心理学家把这种现象称为"登门槛效应"。

针对这一实验出现的两种不同现象，心理学家分析认为：如果一个人贸然地向陌生人提出一个很大的要求，对方一般很难接受，而如果逐步提出要求，先从小要求提起，再逐步增大，对方就比较容易接受。这主要是由于人们在不断满足小要求的过程中已经逐渐适应，因此随后的大要求也容易答应。

有一家慈善机构主办了一场募捐活动，但肯捐款的人很少。这时，出席这次募捐活动的心理学家查尔迪尼灵机一动，他在募捐箱前附加了一句话"哪怕是一分钱也好"。不料，人们看到这句话后纷纷慷慨解囊，募捐到了许多的钱物。由此可见"登门槛效应"的魅力。

做事、做人不可操之过急，否则就会遭受失败。遗憾的是很多人在社交中却没有把握好"火候"，结果使自己的人际交往遭受失败。

一次，小夏去参加同事的婚礼时，在席间认识了同事的表哥。两人年龄相仿，很容易找到两人都感兴趣的话题，因此就聊开了。在聊天的过程中，小夏知道了同事的表哥是一家房地产公司的老总，小夏也向他介绍了自己刚开了一家公司，生意还未走上正轨的情况。宴席结束时，小夏主动送这位表哥到酒店外，就在表哥刚准备驾车离开时，小夏说："我的公司需要借贷一笔资金，明天我去你们公司正式拜访你，想请你作担保，这样银行肯定可以批准我的贷款申请。我跟你表弟是同事，也是哥们，有关我的人品你可以问你表弟，肯定没有问题的。"

表哥听小夏说完后，沉着脸说："对不起，我们公司从不为别人作担保，你还是另找他人吧。"说完上车走了，留下小夏在原地发呆。

在这里，小夏由于没有控制好交往的节奏，以至于不但未寻求到帮助，还失去了一个潜在的朋友。可见，在和陌生人交往时，把握好节奏是相当重要的。

在与陌生人交往时，不可操之过急，要控制好交往的节奏，慢慢接近对方，赢得对方的信任后，再表示进一步交往的愿望，使对方有一个适应的过程，待其跨越那道心理的门槛，一切就好办了。

旁敲侧击，点到即止

面子是人一生的招牌，错误是招牌上的灰尘。有时，人难免因一时糊涂做出一些不适当的"错误"的事。遇到这种情况，指责别人就需要适度：既要指出对方的错误，又要保留对方的面子。这种情况下，如果轻重把握得不适当，或者会使对方难堪，败坏了交往的气氛和基础，或者可能因此带来一系列严重的后果。

心理学的研究表明，谁都不愿把自己的错处或隐私在公众面前"曝光"，一旦被人曝光，就会感到难堪或恼怒。因此，在交际中，如果不是为了某种特殊需要，一般应尽量避免触及对方所避讳的敏感区，避免使对方当众出丑。必要时可委婉地暗示对方已知道他的错处或隐私，即可造成一种对他的压力。但不可过分，只须"点到即止"。

在广州一著名的大酒家，一位外宾吃完最后一道茶点，顺手把精美的景泰蓝食筷悄悄"插入"自己的西装内衣口袋里。服务小姐不露声色地迎上前去，双手擎着一只装有一双景泰蓝食筷的绸面小匣子说："我发现先生在用餐时，对我国景泰蓝食筷颇有爱不释手之意。非常感谢您对这种精细工艺品的赏识。为了表达我们的感激之情，经餐厅主管批准，我代表本店，将这双图案最为精美并且经严格消毒处理的景泰蓝食筷送给您，并按照大酒家的'优惠价格'记在您的账簿上，您看好吗？"

那位外宾当然会明白这些话的弦外之音，在表示了谢意之后，说自己多喝了两杯"白兰地"，头脑有点发晕，误将食筷插入内衣袋里。并且聪明地借此"台阶"说："既然这种食筷不消毒就不好使用，我就以旧换新吧！哈哈哈。"说着取出内衣里的食筷恭敬地放回餐桌上，接过服务小姐给他的小匣，不失风度地向付账处走去。

在与陌生人交际中，当需要批评或提醒对手而又不便直接向对方提出时，便可考虑使用这种幽默风趣的旁敲侧击法。从侧面提出一些看似与主题无关的话题，以此来达到启示、提醒、警告等目的。

"旁敲侧击，点到即止"，既鲜明、坚定地表明了自己的立场，而语气和态度又不是显得十分强硬，令对方容易接受。可见，在交际中，语言得体、生动，往往能有效地活跃交谈气氛，使谈判轻松、愉快，并逐步向有利的方向发展。

迪肯斯经常在他家附近的一处公园内散步和骑马，他非常喜欢橡树。因此，当他看到那些嫩树和灌木，一季又一季地被一些不必要的大火烧毁时，觉得十分伤心。那些火灾并不是疏忽的吸烟者所引起的，它们几乎全是由那些到公园内去享受野外生活、在树下煮蛋或烤热狗的小孩们所引起的。有时候，火势太猛，必须出动消防队来扑灭。在公园的一个角落里，立着一块告示牌说，任何人在公园内生火，必将受罚或被拘留。但那块牌子立在公园偏僻角落里，很少有人看到。迪肯斯到公园里去骑马的时候，其行为就像一位自封的管理员，试图保护公家土地。刚开始的时候，他总是骑马来到那些小孩子面前，警告说，他们可能会因为在公园内生火，而被关进监牢去。并以权威的口气命令他们把火扑灭；如果他们拒绝，就威胁叫人把他们逮捕起来。迪肯斯说他自己只是尽情地发泄某种感觉，根本没有想到他们的看法。

结果呢？那些孩子服从了，心不甘情不愿、愤恨地服从。等迪肯斯骑马跑过山丘之后，他们很可能又把火点燃了，并且极想把整个公园烧光。

随着年岁的增长，迪肯斯对为人处世有更深一层的认识，更懂得从别人的观点来看事情。于是，他不再下命令，他骑马来到那堆火前面，说出了下面的这段话：

"玩得痛快吗？孩子们，你们晚餐想煮些什么？我小时候自己也很喜

欢生火，现在还是很喜欢。但你们应该知道，在公园内生火是十分危险的。我知道你们这几位会很小心；但其他人可就不这么小心了。他们来了，看到你们生起了一堆火，因此他们也生了火，而后来回家时却又不把火弄熄，结果火烧到枯叶，蔓延起来，把树木都烧死了。如果我们不多加小心，以后我们这儿连一棵树都没有了。而因为生起这堆火，可能会被关入监牢内。但我不想太啰唆，扫了你们的兴。我很高兴看到你们玩得十分痛快，但能不能请你们现在立刻把火堆旁边的枯叶子全部拨开，而在你们离开之前，用泥土，很多的泥土，把火堆掩盖起来，你们愿不愿意呢？下一次，如果你们还想玩火，能不能麻烦你们改到山丘的那一头，就在沙坑里生火？在那里生火，就不会造成任何损害……真谢谢你们，孩子们，祝你们玩得痛快。"

这种说法有了很不同的效果！使得那些孩子们愿意合作，不勉强，不憎恨。他们并没有被强迫接受命令，他们保住了面子。

人人都爱面子，人人都有维护自尊、渴望别人尊重的需要，这也是人的自重的表示。所以，懂得点到即止，还要注意在说话之前先动动脑子，从正面、反面、侧面多角度地想一想，寻找出可以使对手得到启示的多种不同的表达方式，选择其中一种最好的，从而达到预期的目的。

恰当恭维，博得好感

恭维话人人爱听，你对人说恭维话，如果恰如其分，适合其人，他一定十分高兴，对你便有好感。最奇怪不过的，越是傲慢的人，越爱听恭维话，越喜欢受你的恭维。有的人义正词严，说自己不受恭维，愿听批评，这是他的门面话，你如果信以为真，毫不客气地率直批评他的缺点，他心里一定老大不高兴。即使表面上未必有所表示，内心对于你的感情，只有降低，绝不会增进。

历史上的包公是个刚正不阿的清官，但包公身上也有喜欢被人戴"高帽子"的弱点。据说，包公做了开封的知府后，要选一名称职的师爷（即秘书）。包公选师爷的告示一贴出来，四面八方的文人学士纷纷前来应试。考试的第一个项目是笔试，由包公亲自出题，亲自阅卷，从参加应试的上千人中挑选了 10 个很有文才的人。第二个项目则是面试，包公要把他们一个一个单独叫进去，随口出题，当面应答。

包公面试的题目出得也很别致，前面 9 个人一个个地进去后，包公指指自己的脸对他们说："你看我长得怎么样？"那 9 个人抬头一看包公的面容，吓了一跳：头和脸都黑得如烟熏火燎一般，乍一看，简直就像一个黑色的坛子放在肩膀上；两只眼睛大而圆，瞪起来，白眼珠多，黑眼珠少。他们想：如果把他的模样如实讲出来，那他一定会火冒三丈，别说当师爷，不挨他的铡都算好的。人说当官的都爱听恭维话，我们何不奉承他一番，讨他个欢喜呢？于是，便一个个地都恭维他长得眼如明星，眉似弯月，面色白里透红，纯粹是副清官相貌。气得包公将他们一一打发走了。

第十个应试者进来了，包公也请他看着自己的脸面，问他自己的容貌如何。那人向包公打量了一下，说道："老爷的容貌嘛……""怎么样啊？""脸形如坛子，面色似锅底，不仅说不上俊美，实在该说是丑陋无比。特别是两眼一瞪，真有几分吓人呢！"包公一听，故意把脸一沉，说："嘿，放肆！你怎么这样说起老爷来了？难道不怕大人我怪罪吗？"那人答道："老爷，您别生气。小人深信，只有诚实人才可靠，老爷的脸本来是黑的，难道下人说一声'美'就美了？老爷若不喜欢听老实话，今后怎秉公断案，做个清官呢？"包公听了点头称是，但又问道："我听人说，容貌丑陋，其心必奸。此话可否当真？"那人又答："不然，奸不

奸在心而不在貌。只要老爷有颗忠君爱民的心，就是长得再黑，也会做清官。难道老爷没见过白脸奸臣吗？"包公听完，心中大喜，说："你被选中了。"其实，包公还是被第十个人戴上了顶"高帽子"，而且不大不小还正合适呢！

恭维的话要说得恰到好处，说得滴水不漏，才能让对方听后心花怒放，否则，不适时宜的恭维不但未能引起别人的好感，反而会让别人对你产生厌恶感。在生活中，许多人就因为不善于恭维，常常弄巧成拙。

法国著名作家大仲马，一次到全国最大的书店了解自己著作的销售情况。

书店经理知道这个消息后，决定做一件让作家高兴的事，即在所有的书架上，都只摆放大仲马的书。

当大仲马走进书店后看见只有自己的书时，大吃一惊地问道："别的书在哪里？"

"别的书？我们已经卖完了。"老板回答说。

很显然，这位书店经理不会恭维。

事实上，不是所有的恭维话都能够为你迎来好感。恭维话要根据特定的事情来说，选择特定的场合说，运用得体的语言说。如果不根据实际情况，不因事而论，只顾信口开河，那么，你的恭维话就没有任何价值，反而成为遭人反感的"废话"、"瞎话"。生活中的一些口才高手在说恭维话时，都能说得恰到好处、说得不留痕迹，而要做到这一点，在每次开口前，我们都要把话在嘴里过滤一下，什么该说，什么不该说，什么话在什么时候说最恰当，什么话在什么场合说最适合，都要想好再开口。

或许，大家都以为恭维人乃是小人所为，大丈夫光明磊落，行正身直。事实上，我们都应该清楚一个道理，那就是枪炮或毒药可以杀死无辜的百姓，是因为它们被坏人利用了，而不是它们本身有什么不好。正如鸦片会使人丧命，是因为贩毒者利用了它，而在医学上，鸦片则又可成为很好的麻醉剂和镇静剂，可以用它来解除病人的痛苦。明白了这个道理，我们就应该承认，恭维作为一种说话的方式，我们有权使用，而且如果我们用得恰当，会取得意想不到的效果。

让对方感到自己很重要

第一次和别人交谈的时候，一定要让别人觉得他很重要。美国学识渊博的哲学家约翰·杜威说："人类本质里最深远的驱策力就是希望具有重要性。"每一个人来到世界上都有被重视、被关怀、被肯定的渴望，如果你让别人感受到重视，那你就会在极短的时间内获得他的认同和好感。

林肯是一位修鞋匠的儿子，但他后来成为了美国伟大的总统。美国的参议员们从未料到要面对的总统是一个出身如此卑微的人。但是林肯就能赢得广大人民的信赖，从强大竞争势力中脱颖而出。林肯从平民中来，走贫民路线，把自己融入广大百姓之中，把每一个人都看得相当重要。

当林肯站在演讲台上时，有人问他有多少财产。人们本以为他会回答自己有多少万美元，多少亩田地，然而林肯的回答却让人感动："我有一个妻子和一个儿子，他们都是无价之宝。此外，我租了三间办公室，里边有一张桌子、三把椅子、一个大书架。我实在没有什么可依靠的，唯一可依靠的财产就是你们！"

所有的百姓都为他这句"唯一可依靠的财产就是你们"而感动，因为这句话让每个人都觉得自己在伟大的林肯心中，是如此的重要，如此的不可忽视。这正是林肯取得民心的最有效的法宝——让所有人觉得自己很重要。

只有让别人觉得很重要，别人才会觉得你是尊重他的，你才会赢得他们的支持。那么怎么才会让别人觉得他很重要呢？

第一，以对方感兴趣的事情为话题

在谈话中，如果你选择的话题对方不太了解，或者根本不感兴趣，那就会引起交流不畅。只有对方能感兴趣或者熟悉的话题才可以引起对方的谈话欲望。

威廉·菲尔普斯在 8 岁的时候，有一次到姨妈家度周末。有位中年男人前来拜访，他跟姨妈聊过之后，就和菲尔普斯谈起来。菲尔普斯这个时候对帆船非常痴迷，而对方似乎对帆船也很感兴趣。他们俩的谈话一直就以帆船为中心，两人很快成了好朋友。客人走后，菲尔普斯毫不吝啬地对姨妈表达了他对这位来客的喜欢，因为他对帆船也如此痴迷！但姨妈却告诉他说，那个男人其实对帆船一点也不感兴趣，那是一位律师。菲尔普斯不解地问，那他为什么一直都在谈帆船呢？姨妈告诉他，因为他是一名君子，因为你对帆船感兴趣，他就谈一些使你感到高兴的事。这件事让菲尔普斯受到教育，直到成人后，他还时常想起那位律师富有魅力的行为。

第二，以对方擅长的事情为话题

专家说，和人谈话就如同打乒乓球，而提出话题，就如发球，如果你发的球，对方很容易接，对方当然乐意。一个道理，如果你所提话题设计的事情是他擅长的，对方当然愿意和你交谈。如果对方的字写得漂亮，你说："听说你的作品又发表了，能不能谈谈经验？"那你们的关系必然随着语言交往的顺利进行而迅速融洽。相反地，如果你明知对方字写得很烂，你却说："今天我们俩来交流交流写字的体会吧。"对方当然会无话可说，甚至会以为你是故意让他难堪，如此，你们怎么能够交谈下去呢？

第三，找大家共同关心的事情为话题

如果一个男孩和一个女孩交谈，就不要找比如国际时事、体育新闻来谈，而应该找些女孩子喜欢的话题，比如时尚等。用这些女孩子共同

关心的话题来吸引她们，控制交谈进程。

以上三点，都是以围绕对方来找话题的，这能充分体现别人的重要性，对方也会感觉到你对他的尊重和体贴，这样，你们的关系就在第一次见面的时候渐渐接近了。

当然，还有一些做法会让别人感觉到他在你眼里很重要，比如：和人交谈时直视对方的双眼；努力记住对方的姓名，要始终称呼对方的全名；你要尽可能少说话，要给别人诉说的机会，而自己甘做一个好的听众；相信他们，尊重他们的意见；不要打断别人的话，即使当他们说错了的时候；当别人想请求你帮助的时候，要积极思考，多提意见，而不要敷衍了事；仔细观察别人，注意细节，多赞赏别人；多嘘寒问暖，会使对方感受到你家人般的温暖；当别人发怒或者生气的时候，要表示理解，要给予别人同情和关注。

善解人意，体谅他人

人的思想总是在不断的矛盾运动中发展着的。当交际中发生矛盾时，如何正视矛盾而又不使它激化，解决矛盾又不妨害双方之间的感情呢？体谅对方，善解人意就是一个好办法。

玛丽贷款买了一辆汽车。到了分期付款日时，她却没有钱付款，因此，她接到了代理商肯特打来的电话。在电话里，肯特不客气地对玛丽说："如果在星期一早晨，你还没有交出应付款，我们公司将会采取进一步行动。"

当时正值周末，玛丽根本没办法筹到钱，因此在星期一大清早接到

肯特的电话时，玛丽听到的就没有什么好话了。但是她并没有发脾气，而是从肯特的角度来看这件事情，玛丽为自己给肯特带来了很多的麻烦而真诚地道歉，而且由于这并不是自己第一次过期未付款，自己一定是令肯特最头疼的顾客。

令玛丽没有想到的是，她站在对方立场说的一番话，却起到了很大的作用。肯特听了她道歉的话后，立即谅解了她，并说有不少顾客有时候极为不讲理，或者是满口谎言，更有一些顾客躲避他，根本不跟他见面。

玛丽安静地听着，没有打断他的话，让他吐出心里的不快。然后，在玛丽未向肯特作出任何请求前，肯特主动说如果玛丽不能立刻支付所欠的款额也没关系，只需要在月底交出所有欠款给他，一切就没有问题了。

在此我们不妨假设一下，如果玛丽在接到肯特的催款电话时，说一些过激的话，就有可能激化矛盾。幸运的是，玛丽能够站在对方的立场考虑问题，能够设身处地地为对方着想，因此赢得了对方的好感，而对方也考虑到了她的感受和难处，没有再接着催款，使玛丽渡过了一个难关。可见，在与人交往时，学会换位思考，是非常重要的。

以一颗宽容之心、以一种海纳百川的胸怀接近朋友，无论遇到什么事情，都要懂得善解人意，从对方的角度出发，你就会发现，你更容易了解对方，从而更容易与他人相处。

威廉·格里辛格是德国著名医学家，他不愿白白浪费宝贵的时间，看病时只想知道那些最重要的，而对病人的唠唠叨叨往往会发火。

有一天上午，来了一位对他有所了解的女病人。她一言不发地把手伸给了医生。

"事故？"——"玻璃碎片。"

"何时？"——"昨天早晨。"

"已处理过了？"——"碘酒。"

"还痛吗？"——"感到血管跳动。"

接着进行了简短的检查，伤口得到了包扎。

"费用?"

"真令人高兴，"格里辛格笑容可掬地回答，"不用付钱，夫人，这对我来说是一种享受，该感谢的是我!"

这是一则题为"善解人意"的笑话，女病人就是多长了个心眼，了解到医生不喜欢唠唠叨叨的病人，于是她很配合医生，非常简短地回答医生的提问。女病人"善解人意"的举动，让医生乐到心坎上了，最后都不收钱了，对双方来说真是皆大欢喜。

生活中，善解人意的人总能从对方的角度出发，真诚地为对方着想，从细节处发现身边的人有哪些需要帮助的地方，然后给予适当的援助，这样更能温暖人心，换得对方的真心相待。

凌宇在离海边不远的地方开了一家小饭馆。很快，这家小饭馆便成了船员、商人、老板等聚会的地方，很多信息都在这里交流，这里成了一个重要的信息通道。凌宇做生意很实在，待人也很热情。虽然来往的客人很多，但因利薄而所赚不多，可他并没有失去热情，依然每天热心地将天气预报、海洋预报写在店门口的黑板上，依旧给每个收获不多的人免费用餐。所以，他的店里总有很多人。

一天，凌宇在电视上看到了"保险"这一行业，仔细了解后，他觉得这是一个非常好的行业，同时，也是这些整天在海上漂来漂去的海员们所需要的，风雨无情，谁能知道在海上会发生什么? 而且，这些漂泊在海上的海员们，多是家庭的主要劳力，万一有个闪失，他的家人该怎么过呢?

越是这样思考，凌宇越觉得这件事势在必行。于是，他坐车去市里了解了相关情况，并取得了保险代理人的资格。

回来后，凌宇在店里宣传了保险这一行业，海员们也都觉得这是个很有必要买的东西。但是，参加的并没有几个人。他见众人热情不高，便想了一个办法，自己掏钱给一些家境贫寒的人买了保险，并承诺这钱

只是借给他们，如果事后还是觉得保险没用，这钱就不用还了。他的一席话，让众人很感动，陆续又有一些人买了保险。

半年后，一个船员不幸遇难，凌宇跑前跑后，为船员家属领到了保险赔偿金。这之后，海员们越发感觉到保险的重要，纷纷买了保险。于是，于是又在饭馆附近又开了一家保险代理公司。一年后，他又在市里开办了分公司，由于众人的口碑宣传，于是的事业越做越红火。

善解人意，应像廉颇有"忍辱负重"的大将风度。理解别人、同情别人，经常不失时机地通过某件事的心理感受去了解别人的需要和情感。当朋友失去信心，给他们以鼓励，虽没有锦上添花般的美妙，却有雪中送炭般的及时。

善解人意的人，一个理解的眼神，一句安慰的话语会给你增添无穷的力量。这种朋友在你失败时，像一丝春雨、一缕春风让你失意的心灵得到滋润和复苏，让你得到驾驶人生小舟、劈波斩浪的勇气和力量，使你读出人性的善良和美丽，彼此之间架起理解和祝福的桥梁。

站在对方的角度看问题，我们更容易了解他人的想法和做法。

一般来说，善解人意通常表现在以下几个方面：

第一，考虑他人的处境

在与人交往的过程中，能够考虑他人的处境，则更容易了解他人的处世动因，也更容易洞察他人的心理。这样更有助于我们采取恰当的方式与之交往。

第二，退一步海阔天空

做事退一步，做人让三分，我们并不会因此少些什么，却能收获他人的认同，促进社交的成功。从对方的角度看问题，其实就是多为他人着想。

第三，设身处地为他人着想

不妨问问自己：假如你处于他的位置将会如何去做呢？这样更容易让我们接纳对方，因为我们注意到事情发生的原因，便会更体谅他人。

与人方便就是与己方便

在现代社会，人际关系对一个人的成功起着十分重要的作用。而良好的人际关系，需要心与心的交流，需要你用一颗热情的心去与他人交往才能获得。

热情地帮助陌生人，不仅能够影响别人，更能够改善双方之间的关系。因为你在帮助别人的同时，人们反过来也乐于回报你。那些成功的人都明白，个人的力量毕竟有限，社会上的所有人都需要别人的帮助。

乔伊斯在美国的律师事务所刚开业时，连一台复印机都买不起。移民潮一浪接一浪涌进美国时，他接了许多移民的案子，常常深更半夜被唤到移民局的拘留所领人。他开着一辆破旧的车，在城市小镇间奔波。后来，多年的媳妇终于熬成了婆，电话线换成了 4 条，扩大了业务，处处受到礼遇。

天有不测风云，一念之差，乔伊斯将资产投资股票几乎亏尽，更不巧的是，岁末年初，移民法又再次修改，职业移民名额削减，顿时门庭冷落，几乎要关门大吉。

正在此时，乔伊斯收到了一家公司总裁写来的信，信中说：愿意将公司 30% 的股权转让给他，并聘他为公司和其他两家分公司的终身法人代理。他不敢相信这是真的。

乔伊斯找上门去。"还记得我吗？"总裁是个 40 岁开外的波兰裔中年人。

乔伊斯摇摇头，总裁微微一笑，从硕大的办公桌的抽屉里拿出一张

皱巴巴的 5 美元汇票，上面夹着名片，印着乔伊斯律师事务所的地址、电话。对于这件事，他实在想不起来了。

"10 年前，在移民局……"总裁开口了，"我在排队办理工卡，人非常多，我们在那里拥挤和争吵。排到我时，移民局已经快关门了。当时，我不知道工卡的申请费用涨了 5 美元，移民局不收个人支票，我身上正好 1 美元都没有了，如果我再拿不到工卡，雇主就会另雇他人了。这时，老天在帮忙，你从身后递了 5 美元上来，并微笑着对我说：'拿上它，不要多问，快办工卡！'我要你留下地址，好把钱还给你，你就给了我这张名片。"

乔伊斯也渐渐回忆起来了，但是仍将信将疑地问："后来呢?"

总裁继续道："后来我就在这家公司工作，很快我就发明了两个专利。我到公司上班后的第一天就想把这张汇票寄出，但是，一直没有。我单枪匹马来到美国闯天下，经历了许多冷遇和磨难。这 5 美元改变了我对人生的态度，所以，才不能随随便便就寄出这张汇票……"

乔伊斯做梦也没有想到，多年前的小小善举竟然获得了这样的善果，仅仅 5 美元改变了两个人的命运。

面对他人尴尬或者他人遭遇困境时，接触他人尴尬或困境，其实就是与人方便。当然，给他人一个方便，在自己需要帮助之时，他人也会给予我们一个方便。

没有谁不能帮助他人，也没有谁能一生都不靠他人的帮助。如果我们想得到他人的帮助，就需要不时地对他人多施恩惠，这样能达到储蓄人情的目的。所以，与他人交往，要多施恩惠，这同时也是为自己开辟一条幸福之路。

有个人一生郁郁不得志，虽然很有学问，却得不到国王的重视。因为这人来自社会的最底层，而且家境贫寒，没有太多的钱打理社会关系，所以，每次提拔官员的时候，他都没有机会升官，被调入王宫十几年，一直都做着一个很小的官。

这人心情郁闷，便找到了他的好朋友。这位朋友人很正直，他也对王宫的许多现象看不下去，于是，他给这人出了一个主意。他说国王最近很喜欢鸟，简直到了痴迷的地步，你不妨给国王送一只鸟，或许可以得官。

这人听后立刻到处搜鸟。终于，他从一位商人那里得到了一只据说是来自外国的会说话的鹦鹉。可是，当时流行送东西务必要送双，单个不吉利。于是，他只好又找了一只国内的鹦鹉，凑成一对献给国王。

国王看后很高兴，给了他一个不错的官职。

可是，几天后国王忽然召见他。他意识到，可能是冒充的那只鹦鹉被国王看出来了。

事情果然是这样，国王非常生气，召集各大官员上殿，准备以欺君之罪治此人以死罪，并警诫其他人不要再犯这样的错误。国王说明情况后，问这人还有什么解释的。这人站在当场，满面惊慌。正在此时，国王的妃子说话了，她说："国王这次真的错怪了他，他曾经对我说过此事，他本来想找两个异国的鹦鹉，但又怕国王听不懂异国的话，所以就找了一只我们国内的鹦鹉做翻译。"

国王一听，阴沉的脸上当即露出了笑容，这人也立即点头称是。结果，这人非但没被处死，还因此加官进爵。当然，这人一直没有忘记妃子的帮助。后来，因为国王昏庸残暴，被赶下台，皇室成员几乎全被杀光，只有这人带着妃子秘密转移到了安全地方。

人们常听到这样一句话：与人方便，与己方便。是的，在我们的生活中如果没有了关怀和爱心，人们就无法和睦相处。处处只想到自己的权益，自私自利的人过分地强调别人是他利益的侵犯者，可看不到他的根本利益恰恰就在别人的赐予之中。在社会大家庭中，"我为人人，人人为我"仍然在起作用。懂得在平时与人方便，让他人心存感激，给他人一点温暖，这种互助是可以相互转化的。这样，才能为我们积累人情资源，并在需要的时候得到帮助。

第八章　管理好自己的情绪

天有阴晴雨雪，人有喜怒哀乐。我们虽然不能改变天气，却可以控制自己的心情，做情绪的主人。敢于直视现实，乐观、坦然面对人生的苦与难、喜与悲，当你的内心世界阳光普照，你的心田就会盛开快乐之花。

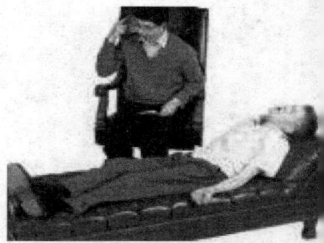

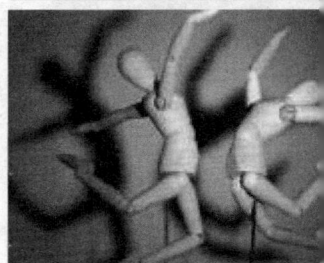

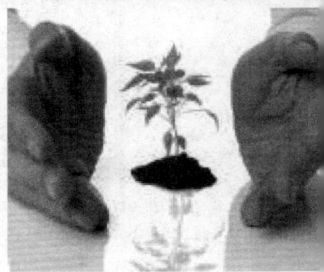

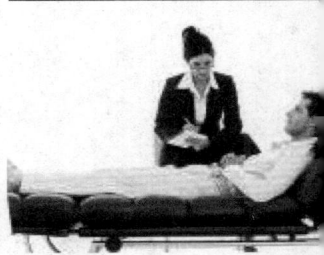

别让烦恼牵着鼻子走

我们每个人来到这个世界，就与烦恼结上了生死之缘，不死不休。或许，人生正是因为有了诸多烦恼与不顺心的点缀才显得多姿多彩。情感犹如画家手中的画笔，将枯燥苍白的理性世界涂抹得艳丽多姿，丰蕴迷人。然而，这终归还是理性统治的时代，情感虽然狂野，却也只能长时间地充当理智的奴隶。这就是人们内心的等级世界。

成长到这个时代，人类早已成为理智的成人，不再幼稚地幻想成仙永生，转而追求那可能的长寿，把"永远"留给不朽的精神。人们宁愿割舍"对情感的尽情体验"，而去追逐那"压抑了的生命延伸。"而这，正是文明发展的必然方向。感受文明，我们得学会消除生命的障碍，而我们既然赋予了"烦恼"以贬义，当然它便是我们毫无疑问要清除的对象。

美国棒坛老将康尼·麦克曾毫不讳言地声称："我如果不停止烦恼，早就进棺材了。"在纷繁芜杂的社会中，在曲曲折折的人生旅途上，我们难免磕磕碰碰，烦恼在所难免，伴随而来的是精神肉体的高度紧张。特别是在如今已转得疯狂的社会大转盘里，紧张与烦恼更是在所难逃，人们因而耗尽了精力，消瘦了肉体，处罚了生命。

某地有位大学生，在大学期间各门功课成绩都是优良，毕业后却被分配在一个偏远的小镇上。从梦想的伊甸园，进入平庸、烦琐的现实，他觉得一下子像从天堂掉进了地狱。为了改变自己的命运，他把希望寄托在研究生考试上，并将这看成他生活的唯一出路。但由于诸多的烦恼

困扰，他名落孙山了。为了自己的前途，他凭借着强大的意志一次又一次捧起书本，却因极度的烦恼而毫无成效。第三次失败之后，他停止了努力。悲哀、苦恼、绝望将他紧紧地包围，他开始天天喝酒买醉，不再上班，他的精神已经彻底地崩溃了。短短的四年，竟成了一生的终结。

一个人不经历一些情绪的波动是不可能的，但如果总是要背着沉重的情绪和包袱过一种焦躁、愤懑的生活，不仅对自己无益，还会白白浪费眼前的大好时光，甚至影响到自己的前途和未来。通过这位大学生的结局，我们不难得出这样一个结论，大学生的种种遭遇，都因烦恼而起。烦恼虽然是一种情绪，但却具有强大的破坏力，一旦我们沾染上它，压力也就悄然而至了。这种恶劣的不良情绪，会让我们主动放弃我们的努力。它就会像指挥木偶一样指挥着我们，使我们生活在痛苦之中。

其实，人生在世，条条大路通罗马，只要明确了自己的方向，消除自身的烦恼，也是极易做到的事，何必被烦恼压垮呢？烦恼是一个"卑贱之徒"，你只能做它的主人，去驾驭它、管制它，而不能成为他的仆人，否则，你将永远受它的摆布。

新西兰著名女作家简奈特·弗兰出生在一个道德严谨的村落里，在那个封闭的地域，人们习惯于用一套世俗的标准审人度事，凡是逸出常态的就被认为是不正常而遭到排斥。与村民的强悍相比，简奈特从小就表现得极端怯懦，甚至宁可被嘲笑也不敢轻易出门。在村民的眼里，她是一个不合群的被打入了另册的人。

因此，几乎没有人和她交往。简奈特的父亲是一个魔术师，为了一家人的生活整天在外奔波，早上骑着自行车出门，每天很晚才能回来。听到父亲的脚踏车声，其他三个孩子总是一拥而上，围着父亲纠缠。简奈特却照样躲在屋里一声不吭，久而久之，父亲也觉察到了什么，经常在她面前叹气，担心她日后的遭遇，或者直接就说这个孩子怎么会这么不正常。

当简奈特第一次听到别人说她不正常时，她觉得非常刺耳，可听得

多了，她也渐渐相信自己是不正常了。在学校里，同学之间很容易就成了可以聊天的朋友，而她也很想加入进去，可就是不知道怎么开口。上学之前，家人是很少和她交谈的，有的只是叹气或批评，到了学校这个更为陌生的环境，和同学们相比，她觉得自己才刚刚开始咿呀学语。她想，她真的是不正常了。后来，经过医生的诊断，说她患有严重的自闭症、忧郁症、精神分裂症。这时，惶恐、烦恼、忧郁一齐向她袭来，她那脆弱的神经终于崩溃了，不得不住进长期疗养院，默默地接受各种奇奇怪怪的治疗。

村民们早已淡忘了她，父母也似乎忘记了她的存在，最初他们还千里迢迢来探望她，后来半年也不来一次了。茫然、无聊时，她就找来医院里一些过期的杂志阅读，渐渐地她发现自己喜欢上了这些杂志，就索性投稿了。没想到那些在家里、在学校、在医院里总是被视为不知所云的文字，竟然在一流的文学杂志上刊出了。

医院的医生有些尴尬，开始竖起耳朵听她谈话，生怕错过了任何的暗喻或象征；她的父母觉得意外——自己家里原来还有这样一个女儿；往日的村民也不可置信地发现：难道这个得了文学大奖的作家，就是当年那个古怪的小女孩？简奈特·弗兰敢于突破世俗的偏见和自我的阴影，终于成了当今新西兰最伟大的作家。

让烦恼牵着走的人，注定只能在烦恼的阴影中，越陷越深。敢于跟烦恼说不的人，才能突破世俗的偏见，走出烦恼的阴影，活出崭新的自我。

萧伯纳说："悲哀的秘诀，在于有余暇来烦恼你是否快乐。"在此，"余暇"实已失去其意义，成为对"悲哀"者最无情的嘲讽。放松时，恰恰就是你精神肉体上最为紧张烦恼的时刻。萧伯纳道出的，不仅仅是"烦恼"者的悲哀，他更道出了自古流传的"快乐与烦恼"的对抗。

记住，学会放弃烦恼，你便得到了"余暇"；学会放弃烦恼，你便释放了紧张；学会放弃烦恼，你便获得了快乐。

摆脱冲动，置冷静于心

人的一生中经常会有一些冲动的情绪及表现，这是因为我们所处各种各样的环境造成的，在工作上，生活中及情感里都会出现冲动的行为。冲动在一定程度上可以反映出一个人的内在素质和心理承受能力。一句不中听的话，一件违背自己意愿的事，一次口角，都有可能使冲动的神经在瞬间爆发，甚至招来不可挽回的后果。

吉布林和他舅舅巴里斯特之间发生了这么一场官司。

吉布林娶了一个维尔蒙的女子，在布拉陀布建造了一所漂亮的房子，准备在那儿安度余生。他的舅舅比提·巴里斯特成了他最好的朋友，他们俩一起工作、一起游戏。

后来，吉布林从巴里斯特那里买了一块地，事先商量好巴里斯特可以每季度在那块地上割草。一天，巴里斯特发现吉布林在那片草地上开出一个花园，这样他就无法得到预想的一车干草了，他生起气来，暴跳如雷。吉布林也反唇相讥，弄得维尔蒙绿山上乌云笼罩。

几天后，吉布林骑自行车出去玩时，被巴里斯特的马车撞在地上。这位曾经写过"众人皆醉，你应独醒"的名人也昏了头，告了官。巴里斯特被抓了起来。接下去是一场很热闹的官司，结果使吉布林带着妻子永远离开了美丽的家。而这一切，只不过是为了一件很小的事——一车干草。

当你一旦被冲动情绪埋没，就必须改变想法，想想造成你不良情绪的是否有其他原因，而不要只是一味地钻牛角尖。只要找到原因，就会有办法处理，怒气就会慢慢消失，你也会变得宽容了；有了宽容心之后，你就能变得更开朗、更体谅别人。

冲动容易使人迷失自己，失掉别人的信任，严重的甚至受到对方及旁观者的唾骂，更易造成不可挽回的损失与后悔终身的事。

吴蜀荆州之战，关羽被东吴大将吕蒙所俘，孙权劝降不从，将关羽杀害。刘备闻知痛不欲生，要兴兵伐吴。殊不知这不是伐吴的最佳时间，只会陷蜀国于险境。

五虎上将赵云劝刘备说："主公，窃国之贼乃是曹操，而不是孙权，如果能出兵先把曹贼解决了，孙吴自然会屈服于你，所以你不应该把曹魏置于一边，而与吴国作战。此战一旦爆发，一时是不会结束的，而曹魏就会趁机出兵攻打我们。伐吴不是上策！"

刘备不听劝，执意要伐吴。诸葛亮见事已至此，便对刘备说道："陛下初登宝位，如果征讨汉贼魏国曹丕，以伸大义于天下，陛下可以亲自统率六师；如果只想伐吴，叫他人领兵去就可以了，何必亲自出马呢？"刘备不听劝谏，说道："我要兴兵，你们阻挡我，太不体谅我和关云长的感情了。"

诸葛亮说："孙权用奸诡之计，使我们丢失了荆州，关将军不幸遇难，此情哀痛诚不可忘，但篡汉之首者为曹操，影响蜀国统一天下的，并非孙权。铲除曹魏，吴国定会臣服。愿陛下纳大臣和众将之言，以养士卒之力，别作良图，则国家幸甚，天下幸甚！"

尽管诸葛亮通过对整个时局的分析，向刘备阐述了伐吴的弊端，但刘备心意已决。他亲率 75 万大军讨伐东吴，沿江而下，到达乌江峡，从建平起到彝陵 700 里间，沿江河水草之地，安营扎寨，共设了几十个大营。诸葛亮听到如此布阵，哀叹道："如此败军之阵，吴军如果火攻，蜀军必败无疑。"

正如诸葛亮所言，东吴大将陆逊善于用兵，手持火把，突袭蜀军营地，火烧蜀营 700 里，蜀军惨败，尸体遍地，吴军锐不可当，刘备几乎

丢了性命，带着残兵败将狼狈逃回蜀境。回来后，他惭愧交加，积郁成疾，染病不起，不久就辞世了。

我们的失败往往是因为不能控制自己的情绪而造成的，如果我们能够掌握自己的情绪，那么我们就更容易掌握命运。冲动的人，经常是遇事不经大脑就鲁莽行事，结果只会让事情变得更糟糕。相反，一个理智的人，在遇到麻烦的事情时，他会冷静地思考，极力地寻求最佳的解决途径。所以，我们无论在什么时候什么环境，都要保持理智的心态，去包容别人、理解对方，用理智约束冲动，让冲动少一点，内疚少一点，追悔少一点，周围的环境才会健康和谐、充满温馨的感觉。

不要让愤怒毁了你

在一个人愤怒的时候，便会使精神暂时处于错乱的状态，这个时候他所作出的任何决定都可能伤害到自己和他人。所以我们一定要学会管理自己的情绪，避免和任何人发生不必要的冲突，以免害人害己。

俗话说："一个愤怒的人只会破口大骂，却看不见任何东西。"愤怒会蒙蔽人的双眼，而且令人做事违背常理。当你愤怒的时候，无论如何也不要因一时冲动做出一些让自己后悔的事情。生活在这个复杂的社会里，生气或发怒时，我们要学会克制自己的怒气，因为愤怒如同其他的情绪一样，是可以控制的。

培根曾说："愤怒，就像地雷，碰到任何东西都一同毁灭。"因此在某些情况下，我们要学会忍耐，以一种心平气和的状态来解决问题，千万不能一碰到"导火线"就暴跳如雷，导致情绪失控。多一点清醒，就少一点失误；多一点理智，就会少一点后悔。

康农是一位来自伊利诺州的议员，在其上任不久后的一次会议上，他受到了另一位议员的嘲笑："这位从伊利诺州来的先生口袋里恐怕还装着燕麦呢！"

这句话是讽刺康农身上带有农民气息！虽然这种嘲笑使他非常难堪，但也确有其事。这时，康农并没有让自己的情绪失控，而是从容不迫地答道："我不仅在口袋里装有燕麦，而且头发里还藏着草屑。我是西部人，难免有些乡村气，可是我们的燕麦和草屑，却能生长出最好的苗来。"

康农并没有恼羞成怒，而是很好地控制了自己的情绪。并且就对方的话"顺水推舟"，作了绝妙的回答，不仅自身没有受到损失，反而使他从此闻名于全国，被人们恭敬地称他为"伊利诺州最好的草屑议员"。

忍一时风平浪静，退一步海阔天空。人们在某种特殊情况下，不能意气用事，不要冲动，因为在缺乏周详考虑的前提下，头脑一发热，做事不加思考，极容易生出事端。而且，发怒，完全是一种可以消除与避免的行为，只要好好地把握自己，你就可以让自己走出这一误区。

不要因为别人发怒，你便怒不可遏，要知道那正是你应当冷静平和的时候。打倒一个愤怒的人，没有比冷静更好的办法了。不顾一切痛快淋漓地发泄心中的怒火，也许会让你的心情获得暂时的放松，但你很快就会受到更大的惩罚，因为由你一时冲动作出的决定往往是错误的。所以，控制你的愤怒情绪吧，不要让冲动惩罚你以及你身边的人！

第八章

管理好自己的情绪

铲除欲望的种子

欲望就像人体内储存的一粒种子，一旦浇灌，就会迅速膨胀，直至紧紧缠绕你的心灵。再多的金钱也填不满欲望的沟壑，无止境的欲望只会消磨我们的身心。不要让过分的欲望毁了你幸福的生活，摒弃那些多余的东西，我们才能走得更加轻松。

一对贫穷的农民夫妇靠种地维持生计，他们家有一只母鸡，母鸡每天生一个鸡蛋，是他们贫穷生活有限的一点补贴。

一个天使为了帮助这对夫妇，于是在某一天让这只鸡生下了一个金蛋。夫妇把蛋拿到市场上去卖，结果他们得到的钱多得吓了他们一跳。他们就开始想，如果能有更多的金蛋，那么就能卖到更多的钱，这样他们就能成为富人，置买田地、家产，再也不用过贫苦的生活了……他们为自己的想法而激动不已。

他们回到家里，盯着那只鸡，祈求着它再下一个金蛋。第二天，母鸡真的又下了一个金蛋，夫妇俩高兴坏了。他们用卖金蛋的钱换了很多东西，等他们回到家后，妻子对丈夫说："这只鸡真是咱俩的宝贝啊！可惜它一天只能下一个金蛋，要是能一下子多下几个，那咱们就能买新房了！"丈夫听后突然激动地说："既然母鸡可以下金蛋，那它的肚子里一定有很多很多的金蛋，说不定就是一个金库，如果我们把它杀掉，不就能一下子拿到很多金蛋了吗？"妻子点头称赞。

天使听到他们的对话，失望地叹了口气。当丈夫将那只下金蛋的鸡杀了，剖开肚子看，发现和普通的鸡并没有两样，根本没有什么金蛋，更不用说什么金库了！农夫非常懊悔亲手毁了自己的致富宝贝，但为时已晚。

欲壑深不见底，贪婪的人一心想填满它，却越发地无法填满。最终使心境失去平静，生活失去平和，整个人只能永远不得安宁地在两极情绪起落间挣扎，品尝着绵绵无尽的焦虑与惶恐、无奈与苦涩、疲惫与怨怒、失落与惆怅，最终陷入恶性循环当中。

有一个人在河边钓鱼，他钓了非常多的鱼，但每钓上一条鱼就拿尺量一量。只要比尺长的鱼，他都丢回河里。旁观人见了不解地问："别人都希望钓到大鱼，你为什么将大鱼都丢回河里呢？"这人不慌不忙地说："因为我家的锅很小，装不下太大的鱼。"

心里没有过多的欲望，才能做到无论面对什么样的诱惑，都能保持一份淡然平和的心境。在这个物欲横流的社会，人人都被欲望纠缠得疲惫不堪的时候，钓鱼人的心境是多么难能可贵啊。

古人说："麝因香重身先死，蚕为丝多命早亡。"没有钱固然要受到很多限制，可是钱多了也不是什么好事。我们要明白，一个人活着不仅仅是为了金钱，同时也是为了更加享受幸福和生活得更加充实。如果任由物欲膨胀，对物质生活贪得无厌、永不知足，最终只会害了自己。

坏情绪是健康的杀手

在平常的生活中，有时候我们会感到高兴、愉悦、轻松，有时候我们也会感到恐惧、悲伤、抑郁，但我们必须要意识到：长时间的情绪低落不只会影响到你的人际关系与工作表现，更可能会危及身心健康。所

以每个人都应该学会调节自己的情绪，不要让不良情绪成为自己身心的杀手！

有一位青年看到死神正往前面的一个村庄前进，他很机警地询问死神去村庄的目的，死神面无表情地回答说："我要从前面的村庄带走 100 个人。"

这位青年听完立刻拔腿向前奔跑，他用最快的速度赶到那个村庄，然后不辞劳苦地告诉每一个人，要大家小心，因为他也不知道死神会带走哪 100 个人。

第二天早上，当死神踏进村庄时，这位好心报信的年轻人却堵在死神前面，带着不满的口气说："你欺骗了我，你昨天明明说要带走 100 个人，可是为什么昨晚村子里却死了 1000 多人呢？"

死神看了看年轻人，心平气和地说："年轻人，我没有骗你，昨晚死的人只有 100 个是我名单里的人，其余的都是被恐惧与焦虑带走的。"

这个故事告诉我们，痛苦、恐惧、敌意、冲动、愤怒等负面情绪都是心灵的毒素，如果一个人长期被这些心理问题所困扰，就会导致身体上的疾病。中医也有这样一种说法："怒伤肝，思伤脾，忧伤肺，恐伤肾。"足以证明这些不良情绪都会对我们的五脏六腑造成伤害。

在人的一生中，难免会遇到挫折和困难，若是因此情绪低落、恐惧、失望、抑郁不安，最后苦的还是自己。

在作身体健康检查时，一对夫妻被告知太太得了乳癌，先生得了前列腺癌，并且伴有严重的心脏病，主动脉血管有 1/3 被阻塞。据医生估计这二人的寿命都只剩下半年。

这对夫妻经过几番讨论后，决定好好度过剩余的岁月，于是他们决定去完成环球旅行的愿望。他们卖掉了房子，拿着这笔钱开始了他们的旅行。因为感到生命的短暂，他们在旅行中格外珍惜每一天，每天都快快乐乐地度过，每天都开开心心地享受两人独处的甜蜜，就好像回到初恋时的热情一样，连旁人也不禁羡慕他们的恩爱。在这半年中，他们只顾享受生活的美好，几乎忘记了自己是病人。

半年后他们回到伦敦，当他们回到同一家医院作进一步检查时，奇迹发生了，医生惊讶地发现两人的癌细胞已经消失，连丈夫的动脉血管阻塞也好了许多，这个结果让医生惊诧万分，连呼"这真是个奇迹"。

后来，医生发现是他们的"正面情绪"救了自己。因为在人快乐的时候，脑内会分泌一种"安多芬"，它会增加体内的淋巴球，进而增强人体对抗癌细胞的能力，让人重新获得健康。

别让坏情绪控制你的生活，别让坏情绪扼杀了你的健康。试想：若一个人整天心情抑郁，愁眉苦脸地面对生活，做任何事情都不积极，那会怎么样？显然，那必然导致事事不如意，甚至会有更大的困难等着他，这样也就会让他的心情更加郁闷，生活态度更加消极，形成恶性循环。但是一个心情开朗的人则对生活充满了热情，对要做的事情充满了希望，工作生活都积极上进，自然而然地就会顺心如意，心情也就越来越好了。

每个人都应该正确认识情绪效应：虽然我们无法选择发生在自己身上的事情，但可以选择自己的情绪状态；虽然我们无法改变环境来适应自己的生活，但可以调整情绪来适应环境的变化。一旦我们做到了这些，就再不用饱受不良情绪的困扰了。

勿在他人观点中迷失自己

只有一块手表，你可以知道时间；拥有两块或者两块以上的手表时，你会因为它们之间存在的误差，反而不敢确定哪个时间更为准确，从而引起混乱。这就是著名的"手表定律"：更多手表并不能告诉人们更准确

的时间，反而会让看表的人失去对准确时间的信心。

在现实生活中，我们的身边也常常会出现几块"手表"，他们就是我们的父母、我们的朋友、我们的同事。在需要作出一个决定的时候，这些"手表"就会告诉我们他们认为是正确的选择，我们应该听谁的？这样一来，我们就会无所适从。

在这种情况下，心理学家建议我们用潜意识去作出一个最符合我们心理需求的决定，不要被别人所干扰，而应该遵从自己内心的选择。我们要学会掌控自己的生活，而不是被别人的言语和想法所控制。父母、朋友、领导的意见都不能占主导地位，只有你才是自己命运的主宰者。

郭浩原来是某公司销售部的职员，销售这份工作很有挑战性，这正符合他的个性，他也非常喜欢，工作成绩一直不错。结婚后，他的妻子不喜欢他整天东奔西跑的，就希望他换个稳定点的工作，他岳父岳母也常常唠叨说："本科毕业什么工作不好找，偏偏要做什么销售人员，有什么出息，还是找机会换换吧。"他本不想换工作，因为他觉得自己能在销售这一块做出点成绩。但是经不住亲人的软磨硬泡，他终于答应换个工作了。

在一位朋友的帮助下，郭浩在一家公司当上了总经理助理，妻子家人都为他高兴，不住地称赞他。可是他开始变得不快乐，对自己没有信心，很简单的事情也感觉自己不能胜任。尤其是工作的烦琐更让他头痛，每天上班就像例行公事一样，他不知道自己工作的意义何在，再也找不到当初工作的成就感和愉悦感。于是，他开始不喜欢上班，下了班心情也不好，整个人都变了。

终于有一天，他决定要按照自己的意愿去生活，要做自己真正喜欢的工作。于是他毅然辞去了安逸的总经理助理职务，重新做起了销售工作。换回工作后，郭浩马上就恢复了原来的信心和斗志，不久就被提升为销售部经理，人也变得意气风发起来。

人在环境或他人的压力下，违心选择了自己并不喜欢的道路，只会让自己痛苦，即使取得了受人瞩目的成绩，也体会不到成功的快乐。如果你不能遵从你内心真实的想法，就会在别人的建议和自己的心声之间徘徊打转，把自己搞得筋疲力尽。要想拥有美好的生活，就需要打破别人强加给自己的禁锢，坚持自己的想法。

没有自我的生活是苦不堪言的，没有自我的人生是索然无味的。一位作家指出：我们此生不一定要成大名、立大功，可是，我们一定要明白自己的梦想，并把它具体起来，使它成为可能，然后去追求它、去实现它。追寻一个梦想是一种绝大的幸福和快乐。你也曾体会过这种幸福和快乐吗？大胆坚持自己认为是对的东西，只有这样，你才能掌控自己的前途。

彼得·希内从圣约翰大学商学院毕业后就继承了父亲的事业，这是一个昔时十分辉煌、今天却生机不足的大公司。希内初生牛犊不怕虎，既然自己已经接管了公司，就有权做主。于是他在咨询了著名的柯维顾问后，决定重组公司结构。

但这样大刀阔斧的改革一开始就受到了诸多阻挠，股东们都反对希内的方案，一致觉得希内没有经验，只不过是刚刚毕业的徒有理论知识的小毛头，在他们看来，这些整改措施是幼稚的，于是群起反对这种大规模的改革。有人提出一种新的解决方案，有人又提出另外一些，但希内都没有采纳，而是坚持自己的想法。于是在股东们一片不满声中，他完成了重组公司的任务。

一年后，公司发生了巨大的变化：在第一年的头两个月中，他在销售组织中排名第一。他自己设计软件，编写程序来了解和控制市场的变化，他很快就以销售兼服务的领导身份在市场内获得了良好的声誉。客户们纷纷被吸引到他的公司来与他合作。公司在银行里的存款也达到了 **40** 万美元。

如果没有希内当时斩钉截铁的态度，那这个公司如今肯定还是像以前一样负债累累。正是因为不被众多人反对的声音压倒，坚持己见，希

内才使公司重新走上了正轨。

一位通晓做人内在法则的人士指出："当别人对你说，'快看这儿'或'快瞧那儿'的时候，请你不要盲目地追随他们，因为幸福世界就在你的心中。"做人做事也是一样，不要被别人的言论所左右，每个人都要做到明确目标、不受干扰。

不要被众多的意见所左右，如果你认为自己的方案足够好，那就要坚持。周旋于多个建议中，你心中的标尺就会失效。做人最可贵的事情莫过于坚持自己的看法，替自己做主，而不是盲目从众，以致在别人的观点里迷失了自己的道路。

希望和信念不可丢弃

即使你已经有了自己的看法，但如果有十位朋友的看法和你相反，你就很难不动摇。这种现象被称为"韦奇定律"。它是由美国加州大学经济学家伊渥·韦奇提出的。也就是说即使我们已经有了自己的见解，但如果受到大多数人的质疑，恐怕就会动摇甚至放弃。

马克·吐温说："信念达到了顶点，能够产生惊人的效果。"这句话告诉我们，想要成功，必须从头至尾保持坚定的信念，唯有信念能让你的欲望之火不灭，能让你支撑到最后一刻。

有位老教师在整理阁楼上的旧物时，发现了一叠练习册，那是 50 年前他教授幼儿园时 31 位孩子的作文，题目是"未来我是……"。

他顺便翻看了几本，很快被孩子们千奇百怪的自我设想迷住了。比如：有个叫彼得的小家伙说，未来的他是海军大臣，因为有一次他在海

中游泳，喝了 3 升水，都没有被淹死；还有一个说，自己将来必定是法国总统，因为他能背出 25 个法国城市的名字；最让人称奇的是一个叫戴维的小盲童，他认为，将来他必定是英国的一个内阁大臣，因为在英国还没有一个盲人进入过内阁。总之，31 个孩子都在作文中描述了自己的未来。

老教师读着这些作文，突然有一种把这些本子重新发到同学们手中的冲动，让他们看看自己是否实现了 50 年前的梦想。当地一家报纸得知他的这一想法，就为他发了一则启事。没几天，书信向他飞来。他们中间有商人、学者及政府官员，更多的是没有身份的人，他们表示，很想知道儿时的梦想，于是老教师按地址一一给他们寄去了练习簿。

一年后，他身边仅剩下一本作文簿没有寄出。他想：这个叫戴维的人也许死了，毕竟 50 年了。就在他准备把这个本子送给一家私人收藏馆时，他收到内阁教育大臣布伦科特的信。他在信中说："那个叫戴维的就是我，感谢您还保存着我们儿时的梦想。不过我已经不需要那个本子了，因为从那时起，我的梦想就一直在我的脑子里，我没有一天放弃过；50 年过去了，可以说我已经实现了那个梦想。今天，我还想通过这封信告诉我其他的 30 位同学，只要不让年轻时的梦想随岁月飘逝，成功总有一天会出现在你面前。"

人生就是这样，只要信念在，希望就在。无论遇到多少阻碍，无论遭受多少艰辛，无论经历多少苦难，只要一个人的心中有一粒信念的种子。那么总有一天，他就能走出困境，让生命之树开花结果。

信念达到了顶点，能够产生惊人的效果，这是伟大的作家马克·吐温说的。想要成功，必须从头至尾保持坚定的信念，唯有信念能让你的欲望之火不灭，能让你支撑到最后一刻。在人生的海洋里，信念不灭，我们的船就不会沉没。

随着《哈利·波特》风靡全球，它的作者和编剧罗琳成了英国最富有的女人，她所拥有的财富甚至比英国女王的还要多。但广大读者可知道，

她也曾有过一段穷困落魄的日子。

罗琳从小就热爱英国文学，热爱写作和讲故事，而且她从来没有放弃过。大学时，她主修法语。毕业后，她前往葡萄牙发展，和当地的一位记者结了婚。但不幸的是，婚后丈夫的本来面目暴露无遗，他殴打她，并不顾她的哀求将她赶出家门。

丈夫离她而去，工作没有了，居无定所，身无分文，再加上嗷嗷待哺的女儿，罗琳一下子变得穷困潦倒。她不得不靠救济金生活，经常是女儿吃饱了，她还饿着肚子。

但是，家庭和事业的失败并没有打消罗琳写作的积极性，用她自己的话说："或许是为了完成多年的梦想，或许是为了排遣心中的不快，也或许是为了每晚能把自己编的故事讲给女儿听。"她整天不停地写，有时为了省钱省电，她甚至待在咖啡馆里写上一天。

就这样，在女儿的哭叫声中，她的第一本《哈利·波特》诞生了，并创造了出版界奇迹，被翻译成 35 种语言在 115 个国家和地区发行，引起了全世界的轰动。

即使生活艰难，她也坚信有一天，她必定会达到事业的顶峰。

罗琳从未远离自己的信念，并坚持到底，所以她为自己赢得了成功的光环和巨大的财富。她的成功恰恰在于坚持自己的信念。

在前行的路上，我们会听到各种不同的声音，肯定的也好，否定的也罢，只要你经过深思熟虑，只要你坚信自己是对的，那就要坚定不移地朝前走。遗憾的是，太多的人不能坚守自己的信念，所以只有羡慕别人的成功。要知道，唯有信念能让你支撑到终点，世上没有不可能的事，只要你的信念足够强大！只要你一直坚守你的信念，只要你不停下脚步，就一定可以创造生命的神话。

向忧虑挥手说再见

人的忧虑常来自无谓的担心，而那些所谓的烦恼也常常是自找的。很多时候，我们常会不自觉地为那些芝麻绿豆大的小事烦恼，而且常常抓不着头绪地往坏处想，仔细想想，其实非常可笑，杞人忧天只会有百害而无一利，因为再怎么忧虑都无法解决根本问题，只会让自己心情更糟糕，想法更消极。

吉姆·格兰特是纽约富兰克林市格兰特批发公司的老板。每次要从佛罗里达州买 10 车到 15 车的橘子等水果。他的经验就是如此。

"以前我常常想到很多无聊的问题，比方说，万一火车失事怎么办？万一我的水果滚得满地都是怎么办？万一我的车子正好经过一座桥，而桥突然垮了怎么办？当然，这些水果都是经过保险的，可是我还是怕万一没有按时把水果送到就可能失掉市场。我甚至担心自己因忧虑过度而得上胃溃疡，因此去找医生检查。医生告诉我说，我没有别的毛病，只是太过于紧张了。

"这时候我才明白，我开始问自己一些问题。我对自己说，'注意，吉姆·格兰特，这么多年来你送过多少车的水果？'答案是：'大概有25000多车。'然后我问自己，'这么多车次中有过几次车祸？'答案是：'大概有 5 次吧。'然后我对自己说，'一共 25000 辆汽车，只有 5 次出事，你知道这是意味着什么？出车祸的概率是五千分之一。换句话说，根据平均概率来看，以你过去的经验为基础，你的汽车出事的可能率是5000:1，那你还有什么好担心的呢？'

"然后我对自己说：'嗯，说不定桥会塌下来呢。'然后我问自己，'在过去，你究竟有多少次是因为桥塌而损失了呢？'答案是：'一次也没有。'然后我对我自己说，'那你为了一座根本从来也没塌过的桥，为了五千分之一的汽车失事的概率居然让你愁得患上胃溃疡，不是太傻了吗？'

"当我这样来看这件事的时候，我觉得以前自己实在很傻。于是我就在那一刻决定，以后让发生概率来替我担忧——从那以后，我就没有再为我的'胃溃疡'烦恼过。"

现实生活中，有些人似乎染上了一种忧虑的不良心态，他们不管遇到什么事情，总是首先启动自己那根忧虑神经，为事情的过程担忧，也为结果担忧。然而在大多数情况下，所担忧的事情往往没想象的那么可怕和严重，也许想想办法或者变换一下环境，那些担忧就变得毫无必要了。

娜塔莎的脾气很坏，性情急躁，总是生活在非常紧张的情绪之中。比如，在购物的时候，娜塔莎会担心：也许丈夫又把电熨斗放在熨衣板上了；也许电炉上正烤着面包；也许家里的大门忘了锁，小偷拿走了自己所有的东西；也许孩子们放学回家，穿过马路时被汽车撞了……一想到这些，娜塔莎就会冷汗直冒，然后冲出商店，打出租车回家，看看是不是一切都正常。娜塔莎的丈夫也因为受不了她的坏脾气而与她离了婚，但她仍旧每天感到很紧张，烦躁不安。

娜塔莎的第二任丈夫奥姆是一位会计师——一位办事沉着冷静、事事能够加以分析的人，从来没有为任何事情烦恼忧虑过。因此，奥姆常利用概率法则来引导娜塔莎消除紧张。每当娜塔莎神情神情紧张或焦虑不安的时候，他就会对她说："亲爱的，不要慌，让我们好好地想一想……你真正担心的到底是什么呢？让我们看一看事情发生的概率，看看这种事情是不是有可能会发生。"

有一年秋天，他们到某地去露营。有天晚上，他们的营帐扎在海拔4000英尺高的地方，突然遇到暴风雨，大风好像要把他们的帐篷撕成碎

片。帐篷是用绳子绑在一个木制的平台的，帐篷在风里抖着、摇着，发出尖厉的声音。娜塔莎每一秒钟都在想：我们的帐篷会被吹垮了，吹到天上去。

娜塔莎当时真吓坏了。可是，奥姆不停地说："亲爱的，我们有好几个向导，这些人对一切都知道得很清楚。他们在山地里扎营都好几年了，这个营帐在这里也很多年了，到现在还没有被吹掉。根据发生的概率看，今天晚上也不会被吹掉。即使被吹掉，我们也可以躲到另外的营帐里去，所以不要紧张。"

听到丈夫的话后，娜塔莎放松了心情，而且后半夜睡得非常香甜。

"根据概率，这种事情不会发生。"这句话通常能摧毁你 **90%** 的忧虑。在生活中，我们也可以用概率来安慰自己。当我们知道自己担心的事情即使要发生，其概率也非常之小时，我们的忧虑就会一扫而光。

与内疚、悔恨一样，忧虑也是生活中常见的一种最消极而毫无益处的心态，它们都是精神抑郁最常见的形式，是一种极大的精力浪费。

如果你是一个杞人忧天、自寻烦恼的人，不妨用概率的方法来化解内心的忧虑与不安。内心一直保持着明朗、愉悦、积极的状态，不要再患得患失，如此，就能从自寻烦恼的困境中解脱出来，让自己享受到更多的人生乐趣。

与其抱怨，不如改变

人在遭遇不公正待遇时，通常会产生种种抱怨情绪，甚至会采取一些消极对抗的行动，这是一种正常的心理反应。但是，如果我们从另外

一个角度，用一种豁达大度的心态来对待它，就会将这种不公正当做对成功者的一种考验。

罗斯福小的时候，不但外表丑陋，而且还患有严重的气喘症，说话也含混不清，几乎没有人听得懂。但就是这样一个男孩，后来竟成为了美国第二十六任总统。

别人问罗斯福成功的秘诀时，他说："那就是不抱怨，多努力。"天生的缺陷没有使他自怨自艾，而且，它还造就了罗斯福奋斗的精神。他经过长期的锻炼和学习，不仅克服了气喘的毛病，而且拥有了一个好体魄。更让人吃惊的是，以前说话含混不清的他，通过刻苦自励和积极参加社会活动，社交能力和口才也得到了大幅度地提高。上大学后，他还常常利用假期，到亚历山大去追逐牛群，到洛杉矶去捕熊，到非洲去捉狮子。这些，使曾经缺陷明显的罗斯福获得了勇敢和强壮，为他以后成功竞选总统奠定了坚实的基础。

不幸的是，中年罗斯福却又得了小儿麻痹症，但坐在轮椅上的他，依然是那么坚强和自信。他说："我就不相信这种娃娃病能够击倒一个堂堂男子汉！我要战胜它！"后来，在自己的积极努力下，他终于站了起来。几年后，罗斯福竞选纽约州州长成功。

俗话说："人生不如意事十常八九。"有的人在不如意时只会一味地抱怨，整天怨天尤人，于是他们终日郁郁寡欢、满腹牢骚。而有的人在不如意时不烦躁、不抱怨，平静对待，去改变，用智慧发现机会、把握机会，将本来无奈的人生过得精彩且美好。而一味抱怨的人常常只能在原地徘徊，自以为是地咒骂眼前的"阴暗"，却不知道那"阴暗"正是自己的影子。

托尼在一家医药公司工作有 **4** 个年头了。前三年每到加薪的关键时刻他都因意外而错过，而今年，公司的销售状况很不乐观，看来加薪已经无望。看到与自己同时进入公司的同事的薪水都比自己高，托尼心里很不平衡，所以对上司分配的工作，他总表现得不心甘情愿，而且还经

常向好友布莱特抱怨工作时如何的辛苦而薪水却不高，责怪老板分派不均。这个周末，托尼又开始向布莱特诉苦了。布莱特与托尼同龄，本来有一份稳定的工作，可在一年前，就因为抱怨公司中有诸多不平而辞了职。他本想，离开这家公司后立刻就能找到一份令自己满意的工作，然而令他没想到的是，从那时起至今自己始终是个失业者。职场的残酷让布莱特有了深刻的体会，因此这次布莱特没有像以前那样加入托尼的抱怨之中，而是真诚地对托尼说："人们往往身在福中不知福。你知道吗？找工作的这一年多来我尝尽了苦头。首先，没有工作，我就没有了经济来源；其次，每天还要为了求职四处奔波。除此之外，还有心理负担，面对家人、朋友的压力，对前途感到迷惘……真是只有真正体验过才会明白，当初如果不是因为抱怨太多，牢骚满腹，我怎么会走到这种地步？所以，你也应该接受我的教训，停止抱怨，珍惜已拥有的一切，努力去工作。"

在这个世界上，没有一种生活是完美的，也没有一种生活会让一个人完全满意，完美到从不抱怨，但我们应该让自己少一些抱怨，而多一些积极的心态去努力争取。

与其在不如意时一味抱怨，不如尝试着去改变，改变自己、改变现状，将生活变得如意起来。因为，抱怨并不能改变你的命运，只能使你更加颓废；抱怨只会繁衍过去的不幸，加重你的负面心情和不满情绪。抱怨已不只是人性的迷茫，更是人性的溃疡。不要抱怨太多，不要徒然去羡慕别人，"与其临渊羡鱼，不如退而结网"，作足储备，耕耘好自己的一方田地。

第八章

管理好自己的情绪

御空虚于心门之外

空虚是现代人的常见心理之一，是一种消极的情绪，被空虚侵袭的人如同一朵枯萎的花，毫无生气。它会使一个人的精神世界一片空白，没有信念，没有寄托，认为生活百般无聊、毫无意义。所以，对于这种不良的心理，我们一定要学会控制和排遣。

李兵泉是一家大型销售企业的部门经理，薪酬优厚，可工作时间长了，他对自己的工作和生活失去了热情，越来越感到厌倦，完全失去了刚进公司时的那种激情。

每天一进公司大门，李兵泉就感觉很疲惫。走进办公室后，也不能集中心思处理手边的文件。周而复始的工作，令他觉得要想在工作中发挥创意是一件很难的事情。他期盼着下班，只有走出办公室时才会有点轻松的感觉。可是回家后，看电视没劲，上网无聊，和朋友聚会也玩不出什么新花样，他不知道自己还能做些什么。30 岁的李兵泉陷入了严重的精神茫然状态之中。

李兵泉的症状就是典型的"精神空虚"。很久以来，人们普遍认为空虚是一种难以战胜的思想病症，但是心理学家们经过长期研究，揭示了事实并非如此。他们发现，空虚并非一道不可逾越的坎，只要处理好不健康的心理情绪，尤其是忧虑、紧张、烦恼、自闭等不良情绪，就能很好地驱除空虚的阴影。

安丽娜是一位白领，学历高、工作能力强，但却没有男朋友。每天一下班她就会觉得特别无聊，和朋友 K 歌、泡酒吧、吃宵夜，暂时能让

她忘记自己的孤独，但夜游回家后，看着一个人住的空荡荡的房屋，安丽娜又会陷入消极的情绪，甚至经常在夜里哭泣。

她去求助心理医生："我该做些什么呢？我不知道怎样生活，我感到生活太没意义了。"

心理医生对她说："你一个人生活感到孤独是正常的。你应该把生活往好的方面想，学会从生活中找乐子，让自己的生活充实起来。"

她绝望地说道："我尝试过，却还是觉得生活太平淡。""你的生活环境是很不错的，无论如何，你可以重新建立自己的新生活，结交新的朋友，培养新的兴趣，千万不要无所事事。"

医生的引导让安丽娜认真思考着自己可以做些什么。第二天，她就为自己报了一个瑜伽班，不久她又参加了一个音乐俱乐部。为了结交一些新朋友，她偶尔还会去参加一些联谊活动。慢慢地，安丽娜的生活发生了大变化，每天都有事做，她让自己的生活变得充实了。

当你长期被空虚笼罩，精神长时间受到压抑，不仅会导致心理失衡，影响自己的智力和才能的发挥，还会让自己的思想低沉、精神委靡，失去事业的进取心和生活的信心。为了摆脱这些伤害，你必须作些改变，那就是向空虚宣战。

首先，你可以尝试去做自己感兴趣的事情。爱好是一个人热情的源泉，当你投入到兴趣中去后，就会愿意花时间投入，从而利用起那些你认为无聊的日子，就不会再有空虚感。

其次，培养健康的业余爱好。业余爱好既可以丰富自己的生活，又能学得一技之长，同时还能增加你生命的容量。

最后，应给自己制定学习目标和生活目标。有了目标，就有了奋斗的方向，有了精神追求，才能彻底避免空虚感。

人生的意义就是为了体验人生、感受生活，然而颓废、迷茫、忧郁、空虚却毒害着人们的心灵。这不是我们想要的生活，我们应该赶走空虚，洗涤心灵，摆正心态，充实自己，让自己的生活时刻都在灿烂的阳光照耀之下！

自我安慰是很有必要的

所谓的"阿Q精神"，就是一种虚幻的精神胜利法，以前它形容那些在现实生活中处于失败者地位却不正视现实，用盲目的自尊自大、自轻自贱、健忘、以丑为荣等妙法来自欺、自慰、自我陶醉的人。但现如今的"阿Q精神"已经不再是一味的贬义，它成了一种精神安慰法，通过它，你将获得心态的宁静平和。

郭立韬在一家IT公司做软件编程的工作已有10年，工作十分积极的他还曾经被公司评为先进个人。后来，公司来了一位新上司准备研发一个新项目。得知此事的郭立韬很想参与该项目的研究，并拟订了一份计划书递交给新上司。就在郭立韬等待多天没有音信的时候，公司确定了新项目的负责人，竟然是那两名新招聘进来的应届毕业生！

让两名新人担此重任，郭立韬不由得犯了嘀咕：我身为一个老员工，那么积极地申请都不让我加入，新上司是不是看不起我的专科学历啊？郭立韬每天眼见着两位新同事整日伏案攻关，心里更不是滋味。

他越想越觉得不平，情绪也一天天低落，甚至有时在单位和上司打照面，也总感觉上司的态度冷淡。静不下心的郭立韬一连几天都没法好好工作。

这样下去不是办法，于是郭立韬来到心理咨询中心，经过咨询，心理医生教给了他一个自我安慰的方法，郭立韬的心结被打开了：不就是个软件吗？不让我干，我正好歇着，用不着加班加点了。而且新上司不安排我，肯定是不想让我一个老员工和那两个年轻人平起平坐，多照顾

我面子啊！这个软件的开发肯定不难，以后上司肯定会有更重要的任务安排我。从此，郭立韬看上司亲切了，看同事也顺眼了。

在现实生活中，必要的自我安慰能真正地帮助自己摆脱心理困境。当你正为某一件事而痛苦的时候，告诉自己，理性地去分析它，为自己排忧解困；当你听见别人说你是非时，大度地不去计较，不让流言飞语影响自己的好心情；当你遭遇打击时，告诉自己，这是上天赐予你的化了妆的财富。恰当的自我安慰，会让人变得自信、坚强，而且明智。

自我安慰不是逃避现实、自欺欺人，不是麻木不仁、不思进取，也不是懦弱无能、畏缩不前，而是理智地对待已经发生的事情，给自己一个心理空间，放松调整，自我统合，进而集中精力，轻装上阵。这种自我安慰的精神疗法，有利于排解消沉低迷的意志，缓释紧张焦虑的情绪，平息怒气怨气，使心态平和积极。

秋天来了，果园里的葡萄成熟了，那一颗颗透亮饱满的果肉让所有的狐狸们都垂涎欲滴。第一只狐狸走到葡萄架下，发现葡萄架太高了，根本够不着。正在它愁苦的时候忽然发现不远处有个梯子，回想农夫曾经用过它，于是狐狸也学着农夫的样子爬上去，顺利地摘到了葡萄。

第二只狐狸来到了葡萄架下，它觉得以它的个头这一辈子是无法吃到葡萄了。心想：别看这颗葡萄长得好看，但吃起来肯定特别酸，所以还不如不吃。于是它心情愉快地离开了。

第三只狐狸站在高高的葡萄架下，心想：既然我吃不到葡萄，别的狐狸肯定也吃不到，如果这样的话，我也没什么好遗憾的了，反正大家都一样。

第四只狐狸同样够不到葡萄。它心想：听别的狐狸说，柠檬的味道似乎和葡萄差不多，既然我吃不到葡萄，何不尝一尝柠檬呢？因此，它心满意足地离开去寻找柠檬了。

虽然一直以来"吃不到葡萄就说葡萄酸"的说法都是用来嘲讽那些心胸狭窄之人的，但换一个角度来看，这也不失为一种为自己心理解围的良方。面对那些不开心的事情，为什么不用积极的暗示去善待自己呢？如对于自己摆脱不掉的缺憾，不妨用"阿Q精神"来赶走消极情绪，让自己保持一种健康快乐的心态。

控制压力，摆脱压力

我们经常会听到有朋友说："我压力太大了，我快崩溃了，我受不了了。"为什么会这样？真的是因为压力过大吗？还是因为没有很好的控制压力的能力？虽说压力有时能激发出我们的潜能，高效地完成既定目标，但是如果压力过大，非但不能成为一种动力，反而会影响我们的生活。不要让压力弄得自己喘不过气，把压力控制在自己所能承受的范围之内才能起到积极的作用。

宁俊辰所在的行业发展变化比较快，经常有新的东西出现。为了跟上市场的变化，他经常逼迫自己处于紧张的学习状态之中。除此之外，每天10小时以上的工作，常常把宁俊辰压得透不过气来，经常做梦都是公司的事情，宁俊辰感到越来越力不从心。

巨大的压力迫使宁俊辰必须有所改变，思路决定出路，他开始寻找解决之道。他给自己订下了这样一个计划：

1.每天作工作记录，记录下当天遇到的问题、遇到的人、处理问题的心得，到月底作回顾和总结，将遇到的问题归类，将遇到的人归类，对处理问题的方法作分析和总结；只要放下笔，就不再去想工作的事，脑子中思考的事情少了，精神压力会减轻许多。

2.每周周末抽出3个小时作为固定的学习时间，了解、学习行业内的最新状况和发展趋势，不贪多，只要坚持下去就行。

3.坚决不带工作回家，不让自己成为工作的奴隶。自己的压力就产生于残酷的竞争和快节奏的生活，如果再让工作占据私人的生活时间，总有一天会崩溃。

4.不强迫自己一定要达到某个高难度的目标。有时是自己给自己增添的压力，事事追求完美只会累得气喘吁吁。灵活地根据自己当时的状态、空闲时间、地点等条件，选择最合适且最有价值的事情做，不要给自己施加压力。

5.抽空做自己喜欢做的事。如听听音乐，看看书，玩玩游戏。

计划列好了，宁俊辰也松了一口气。这样下来，自己既不会压力缠身，又不至于落后于他人。变被动学习为主动学习，领先一步，这样面对问题处理起来就会感觉轻松许多。宁俊辰坚持按照计划行事，一段时间后不仅学到了更多的新知识，还总结出了许多解决问题的技巧。老板的表扬让他有了小小的成就感，自己的工作比起以前也多了几分轻松感。

在这个竞争激烈的时代，产生大量压力是必然的，但我们一定要把压力控制在自己能承受的范围内。我们首先要做的就是认真分析压力的真正来源，然后找到适合自己的解决方法，把压力调节到我们可以承受的程度，坚持实施计划。只有这样，才能调节压力，才能避免工作成为我们焦虑的源头，才能让压力变成对我们有益的东西。

如果一个人长期面对过重的压力，健康会受到影响，引发包括心脏功能减弱、手脚麻痹、头痛、失眠、呼吸困难在内的多种疾病。只有适当减压，把压力调节在自己能承受的范围之内，其动力作用才会最大。减压的方法很多，比如，你可以培养自己在某方面的兴趣，或进行自己喜欢的运动，外出旅游等；让自己多接近令人平静的颜色，如绿色和蓝色，这些颜色可以用在你穿的衣服以及你家的墙壁或摆设上；还有一个比较好的方法就是向朋友、家人倾诉，适当地倾诉可以让你如释重负。

当一个人背负了巨大的压力，只会如同蜗牛行走，走得慢、看不到

成效，还会焦虑不安、心情低落。当然，如果完全没有压力，那生活就会缺少激情，人也会变得慵懒散漫。我们的目标并不是要完全消除压力，而是要有效地把它控制在自己能承受的范围之内，因为这样的压力，才会为我们的生活增添光彩。

莫因外因影响情绪

人们常常认为一种笼统的、一般性的人格描述更能准确地揭示自己的特点，心理学上将这种倾向称为"巴纳姆效应"。

心理测试也是一样，比如，某些心理测试中说："你喜欢生活有些变化，厌恶被人限制"，"你很需要别人喜欢并尊重你"，"你有许多可以成为你优势的能力没有发挥出来，同时你也有一些缺点，不过你一般可以克服它们"，"你有时怀疑自己所作的决定或所做的事是否正确"，"你有时外向、亲切、好交际，而有时则内向、谨慎、沉默"。相信很多人对此都会深信不疑，并惊叹这种测试真够准的。

事实上，这是一顶戴在谁头上都合适的帽子。但人们的情绪就是这么容易受到外来因素的影响，这也是巴纳姆效应的表现之一。比如，我们习惯接受外界的信息暗示，假若信息是积极的，那自然是一件好事。反之，如果信息是消极的，就会影响心情，使你情绪低落或者焦虑不安。消极的暗示是很危险的，我们总希望从别人的经验中找出一条自己能走的路。这时候，我们要努力看清自己，避免受别人情绪的影响。

清早，唐伟刚刚进入工作状态，听到坐在对面的陆强气呼呼地说："迟到两分钟就要扣钱，真不是人过的日子。扣吧，真没劲，早想跳槽了。"

陆强的抱怨把唐伟从工作状态中拽了出来，抬头看看表，9点过5分，看来陆强又迟到了。陆强是一个喜欢把个人情绪当众展示的人，非常喜欢抱怨，所以办公室里经常会听到他的牢骚声，言语里总是充满了挑剔。唐伟感到自己时常会受他情绪的影响。

刚进公司的时候，唐伟虽然没有踌躇满志准备大干一场的劲头和激情，但对工作还是充满热情的，他渴望通过自己的努力得到上司的赏识。因为陆强在公司工作已经4年多了，算是老员工，唐伟有什么问题自己琢磨不出来时，就会虚心地向他请教，而每次陆强都懒洋洋地说："这有什么意思，想那么多干吗？说实话，我来的时候和你一样，结果呢？还不是这样？"也许陆强的抱怨是无意的，但是已经大大削弱了唐伟的冲劲与热情。

有时候，唐伟也会与他争辩说，只要努力，就一定会有机会。而陆强则会不屑地说："算了吧，收起你的那点梦想吧，这个社会只有会混的人、有关系的人，才有未来。你没看咱们公司那个小赵，比我还晚来一年呢，人家现在已是部门经理，听说他是老板的远房侄子。还有那个来了半年就被提升的小李，听说是老板朋友的儿子……"

听了陆强的话，唐伟就会怀疑，自己和老板没有任何"瓜葛"，努力会不会有用？有时候，刚刚说服自己要努力，不要受别人坏情绪的影响，陆强又会悄悄对他说："我最近看好了一家公司，人家在市中心办公，办公室装修得那叫气派，听说公司有500多人，哪里像咱们这里，办公室不像办公室，上上下下加起来还不到100人……"

唐伟一直在陆强的抱怨声中坚持着自己最初的信念，后来慢慢动摇，也渐渐觉得现在的工作没有前途，缺乏发展空间，那些曾经给自己订的短期计划、中远期计划，而今已束之高阁。他想即便努力了，说不定将来也是和陆强一样的命运。

唐伟已经被陆强的负面情绪深深影响了，并严重影响到了自己的工作。

一项调查显示，工作较有成就的人，绝大部分都是在情绪上具有稳定性格的人，而不是才华横溢或是智商较高的人。这种稳定性格不仅包括能很好地控制自己的不良情绪的能力，还包括对别人负面情绪的免疫能力。

无论是在工作中还是生活中，我们的心情总是容易被别人的情绪所感染。小至别人的一个表情、一句话，大到社会生活环境，都影响着我们的情绪。因此，我们要避免被外界的信息所奴役，尤其是不要让那些消极的情绪干扰到你。这就需要你时刻保持一种恒定淡然的心态，做真实的自己，只有这样，幸福才会距你更近，成功也才会找上你。

远离嫉妒，随和处世

有嫉妒之心的人，内心自然难以平静。有人问大哲学家亚里士多德："为什么心怀嫉妒的人总是心情烦躁呢？"亚里士多德回答道："因为折磨他的不仅仅是自身的挫折，还有别人的成就。"有嫉妒心的人，可以自己长进，却不允许别人长进。自己不长进，就更不允许别人长进。正如鲁迅先生所说的拖人下水的办法：我不行，而你和我一样，大家都活不成，拉倒大吉。于是因嫉妒而产生的种种心态便表露出来，或消极沉沦、委靡不振，或咬牙切齿、恼羞成怒，或铤而走险、害人毁己。你居我之下，一好百好；超我而上，谁都不好；你有了名声，我脸上无光。见别人比自己强，便有一种万箭钻心之感，非把人家挤倒方消心头之恨。这除了损人不利己之外，还会有什么结果呢？他只能如尼采所说的："为嫉妒的火焰所围困着的人，如同蝎子一样转动了毒尾刺杀

了自己。"

肖杰和陈刚同为一家高科技公司的工程师，平时两个人极为要好，无论在工作上还是生活上，都给予对方很多帮助。

肖杰的年龄比陈刚长 5 岁，而在公司的工龄也比陈刚多 3 年。因此，大家都猜想该是肖杰先有获得升迁的机会。但是陈刚为人随和，工作努力，做事主动，并有丰富的创造力，受到了上级的注意。后来，陈刚越过肖杰，被提升为地区业务助理。

陈刚的提升，让肖杰嫉妒得两眼发红。他没有带给陈刚什么祝福，相反，他几乎每天都要给陈刚点"脸色"看看。

一天，肖杰看见陈刚和公司老总一同从远处走过来，妒火中烧，高声对身旁的几位同事说道："哼，陈刚这家伙，要是你问他几点了，他会跟你说表是怎样做的！他表面上是不会说什么的，不过时间久了，你们就会发现他背后的一些事了！"转头看着走近的陈刚，他又悄声说："看，来了个'大人物'。"

肖杰的玩笑并没有引起共鸣，相反，同事们纷纷向他射出鄙视的眼神，肖杰顿时感到脸如火烧，逃也似的离开了同事。

而他怎么也没有想到，就在自己嘲弄陈刚时，陈刚正极力向老总推荐肖杰。可惜，他的话被老总听到了，一切化为泡影。

最后，被嫉妒折磨得近乎崩溃的肖杰，收拾了自己的东西，离开了这家公司。

心理学家认为，嫉妒是由于别人胜过自己而引起的负性体验，是一个人与他人比较，或不信任他人时，发现自己名誉、地位或境遇等方面不如别人而产生的一种由愤怒、怨恨等组成的复杂情绪状态。当看见周围的人某些方面比自己出色时，就想方设法打击他或希望自己取而代之。

显然，嫉妒是一种心理缺陷，如果不能及时阻止它的发展，那么嫉妒之火狂燃向别人的同时，也容易烧毁自己的心。更为严重的是，嫉妒

心理是保持良好人际关系的障碍，它能使你失去理智，而丧失对改善人际关系的重要性的认识。

20 世纪八十年代初，美国华尔街上历史最悠久、资金雄厚的最大投资银行之一的莱曼兄弟公司连续 5 年获得创纪录赢利，达到空前鼎盛。在莱曼，彼得森负责外交事务，格拉克斯曼则负责公司的内部管理，他俩彼此配合默契，共同领导着莱曼公司，使公司业务蒸蒸日上，很快进入同行的前列。格拉克斯曼是由彼得森一手提拔上来的，彼得森看重的就是格拉克斯曼大胆果敢的行动魄力，格拉克斯曼也投之以桃，报之以李。两个人就像亲兄弟一样亲密无间，为公司的发展倾尽全力。但不幸的是，后来却因为很小的一点愤怒毁掉了这个庞大的公司。原因仅仅是由于一次午餐。

一次，一位要人邀请彼得森共进午餐，彼得森建议把刚在几星期前被提拔为总经理的格拉克斯曼也请来。在这次午餐会中，彼得森与对方谈笑风生，而格拉克斯曼却备受冷落。因为他资历太浅，插不上话。这让格拉克斯曼受到极大的刺激，他怒火中烧，认为是彼得森故意这么做的，其目的是让他当众出丑。他恨恨地想着，同时坚定了他那个荒谬的念头："我要把他赶走！""我要把他赶走！"

从此，格拉克斯曼整天板着脸，有意无意发牢骚，抱怨自己没有实际权力，旁敲侧击地攻击彼得森。彼得森退下董事长宝座后，格拉克斯曼掌握了公司大权。但他的怒火随即转移到了公司其他几位股东的身上。几个月后，公司已有几名合伙人离去，公司内部人心涣散。1983 年秋，厄运终于降临，莱曼公司的利润大幅度下降，公司面临困境。美国金融界巨头捷运公司提出愿购买莱曼。格拉克斯曼虽并不愿意出售公司，但已无力回天。莱曼公司之所以遭到收购的厄运，固然有市场大环境的影响，但其更确切地说是毁在了格拉克斯曼的愤怒之火里。

有嫉妒心的人如果不猛醒，就会像格拉克斯曼那样，前途不会美妙。如果想调适自我，把嫉妒变成竞争的动力，首先就要积极主动地调整自己的意识和行为，从而控制自己的动机和感情。这就需要冷静地分析自己的想法和行为，同时客观地评价一下自己，从而找出差距。当认清了自己之后，再评价别人，自然也就能有所觉悟了。

另外，当你嫉妒别人时，总是因为他在某些方面的优势深深地刺激了你，而你自己在这方面又恰好处于劣势，这一差异正是产生嫉妒的根源，与此同时，你却忽略了自己在另一方面的优势。如果你能有意识地调节自己的注意中心，就会使原先失衡的心理获得一种新的平衡，这种平衡无疑会稳定你的情绪和情感，对调和人际关系也能起到积极的作用。

自信才能与众不同

很多时候我们都在说："我不行"，"这个我恐怕不行吧"，"我哪有那么厉害啊"！是的，你也许没那么厉害，但你一定要相信自己是一个与众不同的个体，要学会欣赏自己、相信自己，因为自信才是成功的基石。正所谓"强者不一定是胜利者，但胜利迟早会属于有信心的人"。

试看古今中外的成功人士，有几个觉得自己是天才？他们也是普通人，但是他们有一个共同的特质，那就是自信！所以你要做的，就是对自己充满信心、相信自己！

黄美廉是一位自小就患脑性麻痹的病人。脑性麻痹夺去了她肢体的平衡感，也夺走了她发声讲话的能力。然而她没有让这些外在的痛苦击败她内在奋斗的精神，她用她的手当画笔，以顽强的生命告诉世人要"活出生命的色彩"。她昂然面对，迎向一切的不可能，终于获得了加州

大学艺术博士学位。

一次她去演讲，全场的学生都被她不能控制自如的肢体动作给震住了。"请问黄博士，"一个学生小声地问道，"你从小就长成这个样子，请问，你怎么看你自己？你都没有怨恨吗？"

"我怎么看自己？"黄美廉用粉笔在黑板上重重地写下这几个字。写完这个问题，她停下笔来，歪着头，回头看着发问的同学，然后淡淡一笑，转身在黑板上龙飞凤舞地写了起来："我好可爱！我的腿很长很美！爸爸妈妈这么爱我！上帝这么爱我！我会画画！我会写稿！我有只可爱的猫！还有……"

忽然，教室里鸦雀无声，没有人敢讲话。她回过头来看着大家，再回过头去。在黑板上写下了她的结论："我只看我所有的，不看我所没有的。"掌声响起来，黄美廉倾斜着身子站在台上，满足的笑容从她的嘴角荡漾开来，一种自信的光辉照亮了她整个人。

自信所赋予人的光彩永远都不会因为时间而改变。一个人如果自信，无论他本人是多么的平凡，都会在别人眼中变得熠熠生辉。因为自信可以变成一种人格魅力，深深地吸引周围的人。

自信能使人的潜能充分发挥，要勇敢地对自己说：我一定可以的！我不比任何人差！我很棒！然后坚持到最后，那么你就是最棒的，你就是最优秀的。你就能得到你想要的东西，获得你想要的成就。

美国哈佛大学进行的一次调查显示，一个人胜任一件事，有85%取决于他的态度，15%取决于他的智力。如果他自信，事情肯定会办好；假如这个人是自卑的，那自卑就会扼杀他的聪明才智，消磨他的意志。所以，一个人的成败取决于他是否自信。

一个叫亨利的美国人，30岁时仍然一事无成。偶然一次和朋友聊天，朋友说他像拿破仑的孙子，他便认为自己真的是拿破仑的孙子，想到拿破仑那样优秀，自己当然也是很优秀的，从此就对自己充满了信心。没过多久，他就成了一家公司的总裁。后来当他得知自己不是拿破仑的孙子时，他说："我是不是拿破仑的孙子已经不重要了，重要的是我有没有对自己充满信心。"

　　无论何时何地，自信的人都是生活的主角，都是充满力量的。曾经有人说，你认为自己是什么，你就是什么。无论在工作中还是在生活中，相信自己，你就有了一个取胜的秘籍。那么，从现在开始，抛开那些所谓的缺陷、缺点、普通，大声对自己说："我很优秀！我是最棒的！我一定可以做得更好！"